国家职业技能等级认定培训教材
国家基本职业培训包教材资源

保 洁 员

（基础知识）

人力资源社会保障部教材办公室　组织编写

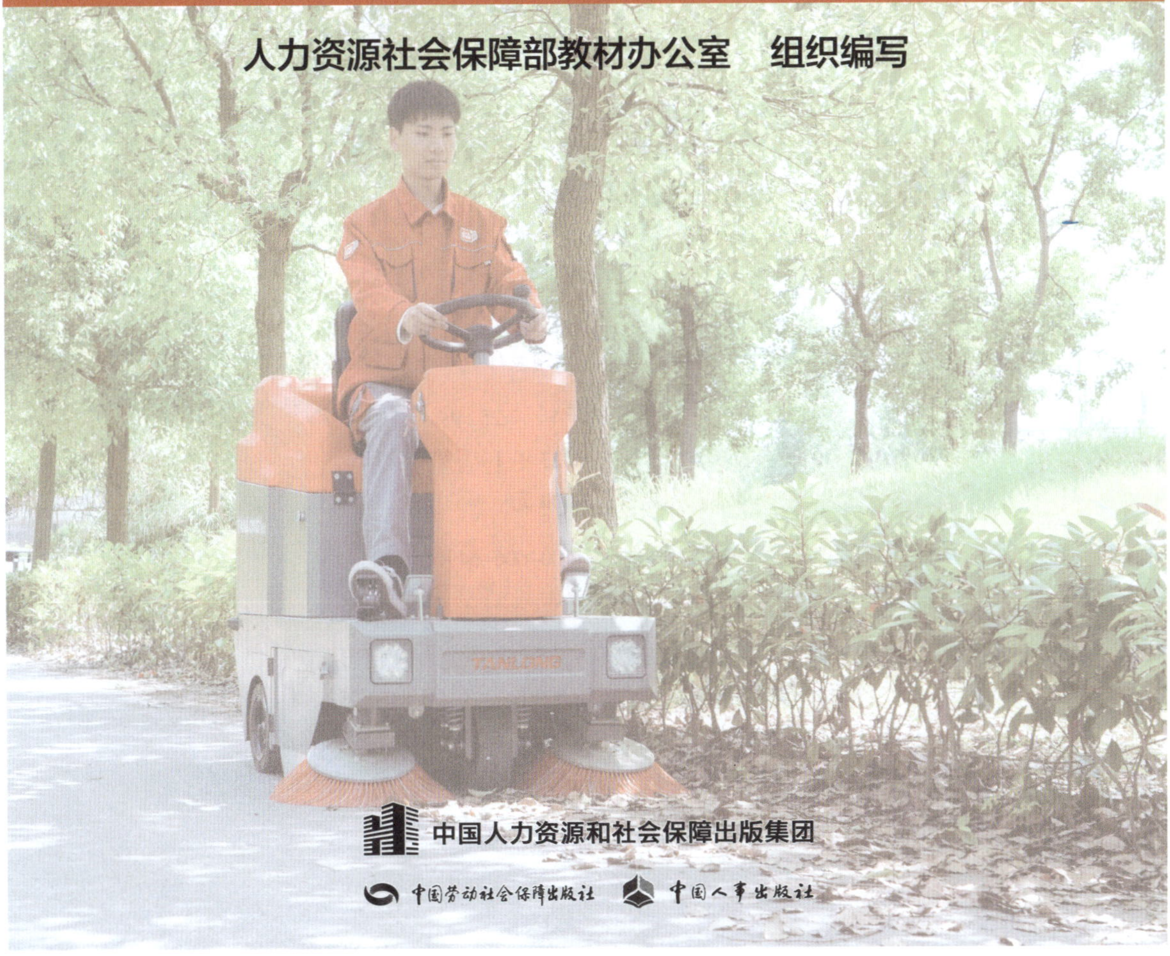

中国人力资源和社会保障出版集团

中国劳动社会保障出版社　中国人事出版社

图书在版编目（CIP）数据

保洁员：基础知识/人力资源社会保障部教材办公室组织编写. —— 北京：中国劳动社会保障出版社：中国人事出版社，2022
国家职业技能等级认定培训教材
ISBN 978-7-5167-5577-8

Ⅰ.①保… Ⅱ.①人… Ⅲ.①清洁卫生-职业技能-鉴定-教材 Ⅳ.①TS976.14

中国版本图书馆 CIP 数据核字（2022）第 187523 号

中国劳动社会保障出版社
中国人事出版社 出版发行

（北京市惠新东街 1 号　邮政编码：100029）

＊

三河市华骏印务包装有限公司印刷装订　　新华书店经销

787 毫米×1092 毫米　16 开本　7.25 印张　119 千字
2022 年 11 月第 1 版　　2023 年 10 月第 3 次印刷

定价：34.00 元

营销中心电话：400-606-6496
出版社网址：http://www.class.com.cn

版权专有　　侵权必究

如有印装差错，请与本社联系调换：（010）81211666
我社将与版权执法机关配合，大力打击盗印、销售和使用盗版图书活动，敬请广大读者协助举报，经查实将给予举报者奖励。
举报电话：（010）64954652

编审委员会

主　任　李群池
副主任　张　红　魏　欣　李志弘　张　宁　梁洪玺　刘　径
委　员（排名不分先后）
　　　　　　罗晓萌　邓永红　关力滔　余永斌　张占俊　张立静
　　　　　　王铁炜　李冠军　徐德水　单德刚　雷英杰　张丽彬
　　　　　　杨　晖　高　萍　陈建兵　贾跃成

编审人员

主　编　张　红
编　者（排名不分先后）
　　　　　　薄　勇　李如怀　刘兴明　左华刚　张　伟　刘　蕊
　　　　　　张　浩　黄　磊　范师远　余　军　陈浩宁　袁　风
审　稿　李志弘　梁洪玺

感谢单位

在此,向以下单位(排名不分先后)表示诚挚的感谢!

社会团体

北京建筑设施服务企业协会	重庆市清洁服务行业协会
西安市清洗保洁服务行业协会	陕西省清洗保洁协会
南京市市容清洗协会	天津市清洁行业协会
黑龙江省清洗保洁行业协会	武汉市清洁行业协会

企业

上海梁玉玺实业集团有限公司	坦能清洁系统设备(上海)有限公司
北京信宇佳信息科技有限公司	重庆市新洁净职业培训学校
北京信宇佳物业服务有限公司	北京洁满仓科技有限公司
北京弘范智汇管理顾问有限公司	北京京辉家辉保洁服务有限公司
润柏斯特(北京)环保科技发展有限公司	蓝泰物业集团有限公司
北京三和晨光物业管理有限公司	北京保丽骏物业管理有限公司
贵州爽净投资(集团)有限责任公司	北京西贝隆保洁服务中心
北京星美环境工程有限公司	上海捷尼士表面处理科技有限公司

前　言

为加快建立劳动者终身职业技能培训制度，大力实施职业技能提升行动，全面推行职业技能等级制度，推进技能人才评价制度改革，促进国家基本职业培训包制度与职业技能等级认定制度的有效衔接，进一步规范培训管理，提高培训质量，人力资源社会保障部教材办公室组织有关专家在《保洁员国家职业技能标准》（以下简称《标准》）制定工作基础上，编写了保洁员国家职业技能等级认定培训教材（以下简称保洁员等级教材）。

保洁员等级教材紧贴《标准》要求编写，内容上突出职业能力优先的编写原则，结构上按照职业功能模块分级别编写。该等级教材共包括《保洁员（基础知识）》《保洁员（初级）》《保洁员（中级）》《保洁员（高级）》4本。《保洁员（基础知识）》是各级别保洁员均需掌握的基础知识，其他各级别教材内容分别包括各级别保洁员应掌握的理论知识和操作技能。

本书是保洁员等级教材中的一本，是职业技能等级认定推荐教材，也是职业技能等级认定题库开发的重要依据，适用于职业技能等级认定培训和中短期职业技能培训。

由于时间仓促，本书不足之处在所难免，欢迎各使用单位和个人提出宝贵意见和建议，以臻完善。

人力资源社会保障部教材办公室

目 录 CONTENTS

培训模块一　保洁员职业概况和职业道德 ··· 1
　培训项目 1　保洁员职业概况 ··· 3
　培训项目 2　保洁员职业道德和职业守则 ······································· 10
　思考题 ·· 13

培训模块二　保洁的社会价值 ·· 15
　培训项目 1　保洁行业发展历程 ·· 17
　培训项目 2　保洁对象与任务 ··· 18
　培训项目 3　保洁效应 ·· 20
　思考题 ·· 22

培训模块三　建筑物设施保洁 ·· 23
　培训项目 1　保洁设施材质 ·· 25
　培训项目 2　保洁服务场景 ·· 35
　培训项目 3　常见保洁服务业态 ·· 46
　思考题 ·· 52

培训模块四　污垢清除 ··· 53
　培训项目 1　污垢概述 ·· 55
　培训项目 2　污垢清除方法 ·· 56
　思考题 ·· 58

培训模块五　保洁设备、工具、清洁剂 ·· 59
　培训项目 1　保洁设备 ·· 61
　培训项目 2　保洁工具 ·· 65

培训项目 3　保洁清洁剂 …………………………………………… 70
　　思考题 …………………………………………………………………… 78

培训模块六　职业健康与安全 …………………………………… 79
　　培训项目 1　安全防护的认知 …………………………………………… 81
　　培训项目 2　安全防护知识 ……………………………………………… 84
　　培训项目 3　高空作业安全操作 ………………………………………… 88
　　培训项目 4　安全防火知识 ……………………………………………… 95
　　培训项目 5　急救知识 …………………………………………………… 97
　　思考题 …………………………………………………………………… 99

培训模块七　相关法律法规知识 ………………………………… 101
　　培训项目 1　《中华人民共和国劳动法》 ……………………………… 103
　　培训项目 2　《中华人民共和国道路交通安全法》 …………………… 105
　　培训项目 3　《城市市容和环境卫生管理条例》 ……………………… 107
　　思考题 …………………………………………………………………… 108

培训模块 一

保洁员职业概况和职业道德

培训项目 1

保洁员职业概况

一、保洁员的定义

保洁员是指从事公共区域环境及设施清洁、保养的人员。

公共区域是指业主共同拥有而不属于私人拥有的场所。业主拥有的公共区域主要包括厅堂、电梯厅、公共卫生间、公共停车场、楼梯过道、公共花园等区域。公共区域的环境除需要业主共同维护外，还需要专门的人进行管理、清洁以及对一些公共设施进行保养。

二、保洁员的职业特点

1. 保洁员应遵守纪律

保洁员是在公共场所进行工作的，因此，保洁员的行为举止代表所在工作环境的形象。遵守纪律不但是维护保洁员这一职业形象的需要，更是保洁员的工作能顺利进行的基本保证。保洁员要遵守的纪律包括以下几个方面：

（1）保洁员要讲文明懂礼貌，在工作中友善对待业主以及相关顾客，避免发生不必要的纠纷。保洁员要遵守业主及公司的行为规范，如在学校里工作的保洁员要做到不打扰学生正常上课，在办公楼里工作的保洁员要保证不影响办公区域的正常使用。保洁员文明礼貌的表现能反映保洁员的职业道德水平和文明服务程度。

（2）保洁员如果生病或有事不能上班，要先向主管请假得到批准，并办好请假手续才可以休假，无故不请假会被记为旷工。

（3）保洁员要遵守岗位时间安排，按时清洁卫生项目。岗位的清洁时间有固定的规律，保洁员的工作时间要遵守这个规律。为了公共设施的正常使用，一般公共设施的保洁工作会安排在非使用高峰期，如电梯的清洁应该避过电梯的使用高峰期。

（4）保洁员在使用清洁工具时要注意对清洁工具的保护，按照清洁工具的操作要求进行操作，并学会控制易耗品的使用量。清洁完毕后，保洁员应把清洁工具和用品整理好，按规定进行入库保存。

（5）保洁员要服从工作安排，对有争议的安排先服从后申报，不得擅自离开岗位。保洁员在上班期间应时刻保持工作状态，即使空闲时也应该待在工作现场，保证随时能参加紧急工作。

（6）保洁员在工作中若遇到突发事件，应保持镇定，保证自身安全和客户安全。如在下雨或下雪的天气，保洁员应及时在入口处放置踏垫，以防止人员滑跌，定期对踏垫进行拍打、除尘或洗涤；雨或雪停后，保洁员应及时清理过道的水渍或雪，保证过道清洁。

2. 保洁员应能够利用职业技能做好本职工作

（1）保洁员在工作过程中应当做好管理区域内的保洁工作，努力做到高标准、高水平。

（2）保洁员要明确自己负责的工作区域。如果是室外，要负责道路、绿地、灯具、建筑小品、栅栏、扶手、楼内走廊、屋顶、楼地面、外墙面等公共区域的保洁工作；如果是室内，则要与管理方确定好保洁时间和范围，做到不损坏或占有业主物品。

（3）保洁员需要掌握好职业技能，在工作中遇到技术困难应积极向主管请教，并不断提高自己的工作技能水平，在工作中严格按规范步骤完成工作区域内的保洁工作。

3. 保洁员应具有任劳任怨的品质

（1）保洁员要提前做好工作准备。办公楼入室保洁只能在办公人员下班后进行，学校的教室要在学生下课后才能进行清洁，医院的某些区域在手术后才能进行消毒清理。

（2）保洁员应能承受一定的工作压力。一个场地的保洁工作不可能是很稳定的，有时会比较轻松，有时则需要加班加点才能完成。公园、购物中心的保洁工作在节假日会非常忙碌。足球场在有比赛的时候会比较乱，垃圾会比较多，需要快速清理。

（3）保洁员是公共区域卫生负责人，在工作过程中难免会给附近居民带来一些不便，如清扫街道时扬起的灰尘、处理粪便时带来的异味等，保洁员不能抱怨居民的不理解，应当礼貌道歉。

三、保洁员的职业基本要求

1. 保洁员的形象要求

在职业形象识别系统中，员工的服饰是重要的组成部分。当人们提及某一职业整体形象时，其岗位服饰的选择通常会受到特别的关注。它不仅直接关系到社会公众对该职业的第一印象，而且在一定程度上体现着该职业从业人员内在的修养和素质。正因为如此，各地区各单位对保洁员的穿着打扮一般都有着统一的要求。

保洁员上岗时要按规定统一着装。制服要干净整洁，没有折皱，没有污迹、补丁和破损，衣扣扣好，长袖制服的衣袖要放直，上班要按要求佩戴工作牌，工作牌一律端正地佩戴在左胸前。若公司有规定要穿工作鞋，则工作期间必须穿工作鞋，进入需要保护的地面区域时要穿上鞋套。不能把工作制服和清洁用品放在一起，以免工作制服被污染。

男保洁员应面容整洁，每日剃须；发型为短发，无大鬓角，无头皮屑；头发在领子以上，不遮盖耳朵；每周至少清洗2次头发，保证头发干净整齐；不得留怪异发型。

女保洁员不应浓妆艳抹，不留长指甲和涂指甲油，不使用味道浓烈的化妆品，以免给人留下不够庄重的印象。女保洁员若为短发，应梳理整齐，无头皮屑，头发在领子以上，两边不盖耳；若为长发，则头发不应长过领子，应盘卷头发并用黑色发套罩住，不留散发。刘海应高于眉毛，发夹、发带、发套必须是黑色无花纹的。

冬季天气寒冷，保洁员可在赶往工作场地的途中穿上保暖外套，到工作现场后再换上工作服。

保洁员服饰示例正面如图1-1所示，保洁员服饰示例侧面如图1-2所示。

2. 保洁员的礼仪要求

礼仪是指人们在社会交往中由于历史传统、风俗习惯、宗教信仰、时代潮流等因素而形成的，既为人们所认同，又为人们所遵守，以建立和谐关系为目的的各种符合交往要求的行为准则和规范的总和。简言之，礼仪就是人们在社会交往活动中应共同遵守的行为规范和准则。

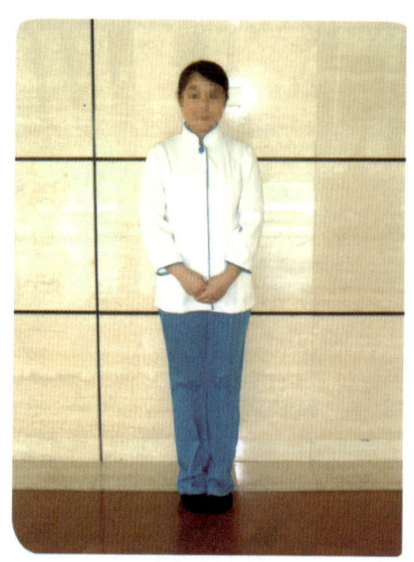
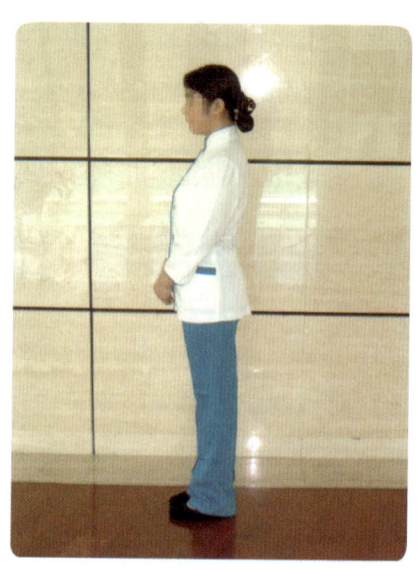

图1-1　保洁员服饰示例（正面）　　　图1-2　保洁员服饰示例（侧面）

礼仪是在人际交往中，以约定俗成的程序、方式来表现的律己、敬人的过程，涉及穿着、交往、沟通等内容。从个人的角度来看，礼仪有助于提高人们的自身修养，有助于美化自身、美化生活，促进人们的社会交往，改善人际关系，有助于净化社会风气。从团体的角度来看，礼仪是企业文化、企业精神的重要内容，是企业形象的主要表现。掌握基本的礼仪规范可以正确把握与外界的人际交往尺度，有助于处理好人与人的关系。

（1）公共区域一般礼仪

1）保洁员在工作中应爱护国家或企业的公共财产，小心使用，不能故意破坏。在工作现场，见到客户要主动打招呼；见到儿童要尽量避让，不要让保洁工具碰到儿童。

2）保洁员在公共场所时要保持安静，行走时要保持合适速度，周围有行动困难的人时要做到及时礼让。

3）保洁员在工作中或工作完成时，注意不要将水溅到他人身上，倒水时轻拿轻放，手上有水时用毛巾擦干。

4）保洁员在帮助客户拿取物品时要征得客户的同意，以免造成不必要的误会，对客户的物品要轻拿轻放。

5）保洁员应当尊重不同民族的饮食习惯。

（2）保洁员站立、坐姿、行走礼仪

1）保洁员如需到客户居室进行保洁工作，到客户门前不得使劲拍打房门。在等待客户时站立应自然,双手自然垂下处于身体两侧,手指可稍许弯曲,指尖朝下,两脚分开与肩同宽。若站立时间较长,可适当调整站姿。

2)工作休息就座时,动作要轻、要稳,头部要端正,双目平视,嘴唇微闭,双肩平正放松,挺胸,立腰,两臂自然弯曲,双手放在膝上,掌心向下,双脚并拢,平落地上。

3)保洁员行走时,上体要直,身体重心可稍向前,头部要端正,双目平视,肩部放松,挺胸,立腰,腹部略微上提,两臂自然前后摆动,走路步伐要轻稳。走路切忌呈"内八字"或"外八字",步幅要中等,步速要适中。

3. 保洁员的文明用语要求

说话是一门艺术,保洁员在公共场合工作应该掌握标准的服务用语,让客户感受到保洁员的专业水准。

保洁员与客户交谈时要站立,思想集中,全神贯注地聆听,不能侧身或目视别处,说话不能有气无力,应做好边听边记录的准备。

保洁员应答客户提问或征询有关事项时,语言应简洁、准确,语气婉转,声音大小适中。如果客户讲话含糊不清或语速过快,保洁员可以委婉地请客户复述,不能凭臆想随意回答。保洁员与多位客户交谈时,应从容不迫,按先后次序、轻重缓急分别作答,不能只顾一位客户,而冷落了其他人。

(1)称呼

称呼是指日常工作中与客户进行接触时的称谓。在日常工作中,保洁员接触的人各式各样,来自不同国家、地区、民族,有着不同的语言风俗习惯,因而在人与人的称呼上有很大的差异。若称呼错误会引起对方的反感,甚至会产生误会。

保洁员对男士一般统称"先生",对已婚女性称"夫人",对未婚女性称"小姐",对不了解是已婚还是未婚的女性称"女士"。

(2)问候

问候是指保洁员在日常工作中结合时间、场合及对象的特点,向客户表示亲切问候、关心及祝愿。标准的问候用语一般在一些比较隆重或正式的场合中使用。标准的问候用语由人称、时间、问候词组成。

(3)欢迎

保洁员欢迎客户时一般行注目礼。保洁员注意力要集中,看到客户走过来时,就要转身朝向客户,用眼神来表达关注和欢迎。注目礼的距离以五步为宜,在距离三步的时候就要表示问候。保洁员在整个欢迎过程中要面带微笑。为了表示对客户的尊敬，很多服务场所会要求保洁员向客户行鞠躬礼。按照一般的惯例鞠躬15°即可，这样比较符合中国的国情。

（4）请托

请托是指保洁员在对客户服务过程中不能及时为客户服务或打扰客户或请求客户帮忙时所使用的礼貌用语。

（5）致谢

致谢是当保洁员得到帮助时表示感谢的礼貌用语。当保洁员得到别人帮助时，一定要表示感谢，说话时要面向对方，不能边做事边说表示感谢的话。

（6）询问

询问是指保洁员在为客户服务过程中征询客户意见时的文明用语。当客户办公室或房间很乱时可以问客户："您好！您这里需要我帮忙收拾吗？"保洁员看到自己工作区域内的沙发或椅子旁有垃圾，而沙发或椅子上有人坐时，应当询问："您好！我能清理一下这里吗？"保洁员在自己工作区域看到客户需要帮助时，应当主动询问："您好！需要我的帮助吗？"保洁员在帮助完客户，如为客户整理完办公桌，需要客户作出评价时，可以问："您好！您看这样行吗？"

（7）应答

应答是指保洁员在工作中回答客户问题或向客户讲解具体服务事项时所使用的礼貌用语。

（8）祝贺

祝贺是指保洁员在节假日或在对客户有特别意义的日子对客户表示祝福的用语。祝贺可以拉近与客户间的距离，有时也能打破沉闷的气氛。

（9）推托

推托是指保洁员在工作中对客户提出的一些无法完成的要求进行推辞的言行。保洁员在工作过程中对于客户提出的无理要求，一定要沉得住气，应婉言拒绝。

（10）语言禁忌要求

1）保洁员答应客户要办的事，应该言而有信，迅速地按要求去办理，不能敷衍了事。保洁员谈话时手势不宜多，幅度不要过大，切忌用手指指点。向某人指示方向时，正确的手势是：将手臂自然前伸，上身稍前倾，五指并拢，掌心向上。

2）保洁员在听客户说话时，注意力应集中，手上的动作要停止。即使客户所说的自己完全没有兴趣，也要保持耐心。

3）保洁员与客户交谈时一定不能使用蔑视或烦躁的语言，对于自己不知道答案的问题，不能一口否定，而应尽量帮客户寻找答案，实在找不到答案时可以说："对不起，这个问题我们这边现在无法解决，给您带来不便，十分抱歉。"

4）保洁员在与客户交谈中除了一些必要的工作交流和问候之外，还有可能会遇到一些简单的闲聊，此时一定要注意避免涉及客户隐私的话题，如年龄、婚姻、收入、家庭住址等。

四、保洁员的岗位职责

保洁员的岗位职责主要是指按照工作要求完成自己工作范围内的工作，并保证工作质量。

1. 保洁员工作范围划定

保洁员的工作范围一般由保洁员所在的业主公司划定，外派保洁员的工作范围一般由业主公司与保洁公司签订的合同确定。保洁员如果对自己的工作范围不明确，应该提前向自己所属的保洁公司提出，避免在工作中出现差错。外派保洁员在执行外派工作时，若发现具体工作范围与合同上的工作范围不一致，应及时向保洁公司与业主公司提出。

保洁员在工作中所产生的废弃物的处理也包含在保洁员的工作范围内。

2. 保洁员工作要求划定

保洁员工作要求是指保洁员完成工作范围内工作时所必须遵从的一些规定，主要包括保洁过程中的技术要求。如在进行房屋保洁时应该做到按时进行保洁工作，在工作过程中使用合适的清洁剂和清洁工具，工作完成后房屋不留异味，不损坏客户物品。在进行一些特殊保洁时应该按照规定步骤完成，如抽油烟机清洗、带电管线清洗、高位水箱清洗、洁具清洗等。

3. 保洁员工作质量要求

保洁员在完成保洁工作后应接受客户检查，保证工作质量符合客户要求。保洁员保洁前必须明确客户要求的保洁质量，应当尽量达到客户要求，如果有特殊情况不能达到要求，应当进行说明，解释原因，避免与客户产生纠纷。

培训项目 2

保洁员职业道德和职业守则

一、职业

职业是指从业人员为获取主要生活来源从事的社会工作类别。职业需具备下列特征：

（1）目的性

即职业活动以获得现金或实物等报酬为目的。

（2）社会性

即职业是从业人员在特定社会生活环境中所从事的一种与其他社会成员相互关联、相互服务的社会活动。

（3）稳定性

即职业是在一定的历史时期内形成的，并具有较长的生命周期。

（4）规范性

即职业活动必须符合国家法律和社会道德规范。

（5）群体性

即职业必须具有一定的从业人数。

二、道德

1. 道德概述

（1）道德的含义

马克思主义伦理学认为，道德是人类社会特有的，由社会经济关系决定的，依靠内心信念和社会舆论、风俗习惯等方式来调整人与人之间、人与社会之间以及人与自然之间关系的特殊行为规范的总和。

（2）道德的表现形式

根据道德的表现形式，人们通常把道德分为社会公德、职业道德、家庭美德、个人品德四大领域。作为从事某一特定职业的从业者，要结合自身实际，加强职业道德修养，担负职业道德责任。同时，作为社会和家庭的重要成员，从业人员也要加强社会公德、家庭美德、个人品德修养，担负起应尽的社会责任和家庭责任。

2. 职业道德

（1）职业道德的含义

职业道德是指从事一定职业的人们在职业活动中应该遵循的，依靠社会舆论、传统习惯和内心信念来维持的行为规范的总和。它调节从业人员与服务对象、从业人员之间、从业人员与职业之间的关系。它是职业或行业范围内的特殊要求，是道德在职业领域的具体体现。

（2）职业道德的特征

职业道德作为职业行为的准则之一，与其他职业行为准则相比，体现出以下六个特征。

1）鲜明的行业性。

2）适用范围的有限性。

3）表现形式的多样性。

4）一定的强制性。

5）相对稳定性。

6）利益相关性。

三、保洁员职业道德

1. 保洁员职业道德的含义

保洁员职业道德是指保洁员在从事保洁职业活动中所遵循的道德原则和道德规范。它不仅是从业者对职业及职业活动的态度和行为，也是从业者个人内心对保洁员职业的认同，同时也是个人内在品质在保洁职业活动中的具体体现。

2. 保洁员的基本职业道德

我国《新时代公民道德建设实施纲要》提出了从业人员职业道德的主要内容，即"爱岗敬业、诚实守信、办事公道、热情服务、奉献社会"。这也是保洁员的基本职业道德。

四、保洁员职业守则

1. 遵章守纪

遵守规章制度和工作纪律是对从业人员的基本要求,也是职业生活正常进行的必备条件。随着经济、社会、科技的快速发展,生产的社会化程度迅速提高,生产过程日趋复杂,劳动分工越来越细,劳动的相互制约、相互协作特征越来越突出。如果某个岗位的职工不遵守规章制度,不但会影响自身岗位的工作效率和作业安全,而且会影响其他工作岗位的人完成任务。

2. 忠于职守

忠于职守就是要求从业者热爱自己的工作岗位,专心致力于自己的行业,尽职尽责完成自己职责范围内的工作。

每个从业人员都要有明确的责任意识,自觉担负起对社会的职责和任务。保洁员应做到对自己的工作完全负责,在工作过程中努力完成自己的本职工作,不怕苦、不怕累,牢记自己的工作责任。

3. 团结协作

团结协作是指在工作过程中要服从组织的安排,以团队为一个单位,团队工作人员一起合作。保洁工作任何一项任务的圆满完成,或是一个突发事件的及时处理,均离不开对全局的统筹安排和保洁员之间的相互配合。在这个过程中,既需要管理人员的总体规划,也需要各岗位保洁员服从分配。团队是一个有机整体,团队内部的分工虽然不同,但每一个环节都需要有人去做,一旦某个环节出现问题,工作的效能就无法发挥到最大,因此,在团队内部,服从命令、听从指挥就显得格外重要。

4. 文明礼貌

文明礼貌是指人们在社会关系过程中所表现出来的对人谦虚和恭敬的态度和行为。在文明礼貌的基础上,人们形成了特定的交往礼仪规范,以指导日常行为。现实生活中,文明礼貌主要包括仪表整洁、举止端庄、语言文明、待人有礼、平等交往、相互尊重等。文明礼貌也是各行各业对从业人员的基本要求,特别是在服务行业,文明礼貌是从业人员的基本行为准则之一,对于规范从业人员的职业行为,使服务工作朝着良性方向发展,具有非常重要的作用。

保洁员要想全面提高个人素质,就要学习文明礼仪,从言谈举止、待人接物、仪容仪表等方面加强自身修养,使自己成为一个懂礼仪、善沟通,能够胜任本职工作，受人尊重和欢迎的好员工。

5. 重视安全、环保

重视安全是指保洁员在工作中重视自己和他人的安全，强化安全意识。

人类社会要做到可持续发展，就必须重视环境保护。保洁员在工作中必须使用对环境无污染的清洁剂、清洁工具，在工作过程中注意废弃物的分类并合理处理各类废弃物。

 思考题

1. 简述保洁员的职业道德。
2. 简述保洁员的职业守则。

培训模块 二
保洁的社会价值

培训项目 1

保洁行业发展历程

我国保洁服务行业起步较晚，改革开放后，伴随着经济发展，房地产建筑材料更新，对保洁服务的技术要求越来越高。保洁服务行业发展基本可划分为四个阶段：

第一阶段初始萌芽期。20世纪80年代初期，涉外饭店和高级写字楼出现，开始引进外国清洁设备和清洁剂，以及先进的清洁服务经验，美国、法国、新加坡、日本、德国等发达国家的企业陆续进入中国，合资开办楼宇清洁类企业。这个阶段保洁服务的市场为高端市场，复制学习国外经验，设备、工具和清洁剂全部依赖进口。

第二阶段是缓慢发展期。20世纪90年代初期，保洁服务开始了市场化。国外精良的设备、优质的清洁剂陆续国产化，主要产地有江苏、广东等。

第三阶段是飞速发展期。在房地产飞速发展阶段，保洁服务进入快速发展期，大批创业者纷纷进入这个行业。劳务式的保洁模式和散兵游勇式的队伍在大中城市异常活跃，清洁服务水平逐步降低，服务领域狭窄，服务不规范，从业人员和企业数量不断攀升。2008年保洁员国家职业标准颁布，随后保洁员国家职业资格培训教程出版发行，结束了国内保洁员职业没有标准和培训教材的尴尬局面。

第四阶段是专业转型期。党的十八届五中全会后，伴随经济的发展，城市建设的加快，以及人们对于高质量生活的追求，专业清洁服务日益受到关注。2015年，中国清洁产业国际论坛在北京召开，吸引了美国、加拿大、英国、瑞士、澳大利亚等国家清洁行业领域的专家和社团组织的领导人参加。中国清洁产业国际论坛已成功举办三届，为国内上下游产业链企业提供了更新的视角，扩展了思路和方向。

培训项目 2 保洁对象与任务

一、保洁对象

保洁对象是被保洁的物体表面的统称,包括设施表面或建筑材质表面。

保洁对象可以是设施表面,或者设施表面的养护层。在首次清洁时,需确认是否存在设施表面养护层。只有掌握保洁对象的材质,才能准确使用设备、工具、清洁剂,并采取正确的保洁方法,完成保洁服务工作。

二、保洁任务

1. 保持环境、设施的洁净

保洁员应及时清洁、保养及消毒,创造一个整洁、舒适、安全、健康的环境。干净整洁的小区如图 2-1 所示。

图 2-1 干净整洁的小区

2. 保持设施不受侵蚀

不锈钢家具除常规保洁外，必须在不锈钢表面涂一层不锈钢光亮剂，并应定期上光，保持常新，可防腐蚀。

保洁员在清洗空调时还会投入预膜剂，在金属表面形成致密的聚合高分子保护膜，起到防腐蚀的作用。

3. 延长设施的使用寿命

（1）木地板的清洁保养

保洁员应保持木地板表面干净、清洁，可用干净的扫把扫净地面，然后再用拧干的拖把拖，也可以用超细纤维毛巾轻擦地板，用吸尘器除去地板上的灰尘。如果条件允许，每隔 2 到 3 个月可在木地板表面打一次地板蜡，这样维护效果更佳，能达到延长地板使用寿命的目的。

（2）空调的清洁保养

定期清洗空调可以延长其使用寿命，如一套中央空调机组价格为 150 万元，未经过清洗的机组，其使用年限为 7 年左右，则平均每年设备折旧费约为 21 万元。清洗后，其使用年限可延长 3 年左右，则平均每年折旧费约为 15 万元，相当于每年减少设备折旧费 6 万元。

培训项目 3 保洁效应

一、环境优雅

保洁工作是城市环境卫生管理的重要组成部分，对于确保城市正常运转，维护市容市貌，使广大人民群众在良好的卫生环境中工作、生活作用巨大。保洁工作涉及方方面面，对社会、对城市有不容忽视的效应。

厅堂是大厦的出入口，是人们进出大厦的重要环境，厅堂保洁在社区保洁中尤为重要，环境优雅的厅堂如图 2-2 所示。

保洁员在厅堂保洁中应做到每天上午上班前和下午上班前对门厅及大堂重点保洁两次，还要定时巡回清扫，要求平均每半小时巡视保洁一次，重点清扫地面垃圾、灰尘，清洁电梯箱内的垃圾、杂物，擦去地面污迹、水迹，保持地面光亮、清洁。每天早上用拖把把厅堂门口拖洗干净，先用湿拖把拖台阶 2~3 遍，将干净的湿拖把拧干后再拖一遍。每周冲刷一次出入口的台阶。用干净超细纤维毛巾擦拭大堂玻璃门，并每周清刮一次。将湿超细纤维毛巾拧干后，擦净电子对讲门。用扫帚清扫厅堂地面垃圾，用长柄刷蘸洗洁剂清除地面污渍，最后用拖把拖地一次，每天重复拖抹、推尘、吸尘操作，将垃圾运至垃圾屋存放。擦拭茶几、台面及摆设，及时更换有烟头的烟灰缸并清洗干净。

图 2-2　环境优雅的厅堂

清洁电梯时先用扫帚清扫电梯内垃圾及尘土，后用湿拖把拖两遍，再用干拖把拖一遍。用干超细纤维毛巾和不锈钢清洁剂轻擦厅堂内的各种不锈钢制品，包括门柱、镶字、宣传栏、电梯厅门、电梯轿厢。将湿超细纤维毛巾拧干后，擦抹厅堂门窗框、防火门、消火栓柜、指示牌、信报箱、内墙面等公共设施。每月擦拭所有的装饰物（如灯具、风口、感烟器、消防指示灯等）及墙面一次。每月对大理石地面打蜡一次，每周对地面补蜡一次，每月用去污粉、长柄刷彻底刷洗地板砖和水磨面一次。

只有这样，客户走进大厅才会感到环境优雅、心情舒畅。

二、环保节能

空调清洗不仅能够创造健康舒适的生活环境，还能够为企业节约成本，带来良好的经济效益。

1. 环保方面

清洗空调能杀菌防霉，防止传染性疾病的发生，使客户生活在安全健康的环境中。

2. 节能方面

空调风机盘管清洗一次，能节电4%~5%。定期清洗空调换热系统能节电10%以上。

三、保值增值

保洁是物业维护最基本的要素之一，也是固定资产保值增值的有效途径，不仅直接关系着企业的社会效益，还关系着企业的经济效益。对于具有庞大价值的楼宇，外立面由于长期风吹雨淋，受到酸性物质严重腐蚀而失去新建时的风采。而豪华昂贵的内装饰，不仅受到灰尘、烟垢腐蚀，还受到病菌、虫害等自然因素的侵蚀破坏，人员频繁来往也会造成人为的磨损。长此以往，不仅楼宇的主人或管理者的形象受到影响，而且巨额房产也会因为加速老化而贬值。保洁不仅使其干净美观，更可为其镀上一层保护膜，防止其受到侵蚀磨损，从而达到保值的效果。

四、安全保障

发生火灾时，保洁员应在救灾结束后用垃圾车清运火灾遗留物，打扫地面；然后清除地面积水，用拖把拖抹；最后检查户外周围，如有残留杂物一并清运、打扫。

污水井、管道、化粪池发生堵塞造成污水外溢时，保洁员应将捞起的污垢、杂物直接装上垃圾车，避免造成二次污染。疏通后，保洁员应清洗地面，直到目视无污物。

发生暴风雨时，保洁员应增加清理次数，确保道路畅通无阻。保洁员应配合保安员关好各楼层的门窗，防止风雨进入楼内而淋湿墙面、地面或打碎玻璃。暴风雨过后，保洁员应及时清扫地面上的垃圾袋、纸屑、树叶、泥沙及其他杂物。如果发生塌陷或大量泥沙溃至路面、绿地，保洁员应协助管理人员进行检修，及时清运、打扫。保洁员应查看责任区内污水、雨水排水是否畅通，如发生外溢，应及时报告管理人员进行处理。

梅雨季节，大理石、瓷砖地面和墙面很容易出现返潮现象，造成地面积水、墙皮剥落、电器感应开关自动导通等现象。保洁员应在大堂等人员出入频繁的地方放置指示牌，提醒客人"小心滑倒"，及时清理地面和墙面水迹。如返潮现象比较严重，应在大堂铺一条防滑地毯，并用大块的海绵吸干地面、墙面、电梯门上的水。另外，仓库内应配好干拖把、海绵、地毯、毛巾和指示牌。

对客户用过的卫生间，保洁员要及时进行清理，将地面上的水迹擦干，以免客户滑倒。

思考题

1. 简述保洁行业的发展历程。
2. 简述保洁对象和保洁任务。
3. 简述保洁员可以为客户提供的安全保障。

培训模块 三
建筑物设施保洁

培训项目 1 保洁设施材质

一、石材

1. 石材分类

石材可分为天然石材和人造石材。天然石材是以天然岩石加工而成的，包括花岗石、大理石、石灰石、砂岩、板岩等。常见的人造石材有石英石、无机人造石和水磨石。

2. 石材应用场景

各种天然石材和人造石材以不同形式应用于建筑及附属设施中，一方面是基于石材具有原始的建筑功能，另一方面是基于石材能赋予人们更理想的装饰效果。

（1）在广场地面的应用

广场是公共活动场所，是建筑物门前的缓冲区域，石材常用于广场地面的铺设。为了防滑，石材表面常做烧毛或机刨处理，但给日常清洁带来了困难。表层烧毛处理后的花岗岩，如图 3-1 所示。

（2）在建筑物外墙面的应用

花岗石质地坚硬，抗风化性能好，常用作建筑物外墙面装饰材料。

（3）在建筑物室内地面的应用

石材多以原板或拼花等形

图 3-1 表层烧毛处理后的花岗岩

态铺设，应用于室内地面或光彩亮丽，或古朴典雅。机场和地铁站等公共场所室内地面石材多选用花岗石板材，利用其质地坚硬、耐磨等特点；大型购物中心等商业体的室内地面石材多选用人造石或大理石，利用其色彩柔和、光泽度高和再抛光性好等特点。

（4）在建筑物室内墙面的应用

室内墙面石材多为大理石，相对于建筑设施中其他部位的石材，墙面石材的维护和日常保洁更容易。

（5）在建筑物室内卫生间的应用

建筑物室内卫生间的墙地面会铺设天然石材，多选用大理石。台面板也多选用天然石材。在卫生间这种湿度较大的场合，铺设在地面上和墙面上的大理石容易出现泛碱等现象，而台面板也常常会出现被酸性液体灼伤的痕迹。

3. 石材清洁保养方法

材料技术、机械设备技术的进步是石材清洁保养技术进步的有力支撑。

（1）石材清洗

石材清洗可以清除石材表面上的污物，石材清洗通常是借助专用设备和工具来进行的。例如，使用抹布及时擦净地面上的液体污物，使用铲刀剥离石材表面上的胶泥和油漆等污物，使用洗地机配合合金刷盘清除广场石材表面上的污垢和水泥残留，使用高压水枪冲刷石材表面上的灰尘，利用超声波去除石材表面的风化层等。

（2）防护处理

石材的防护一般需要使用石材防护剂，石材防护剂是一种用于石材防护处理的液体材料。依据石材的应用环境和特点选择适当的石材防护剂对石材表面进行防护处理，不仅能够有效地预防石材发生病变，还能使各种液体的污物仅停留在石材的表面上，防止出现渗透性污染，使得石材日常清洁变得更容易。未使用石材防护剂和使用石材防护剂的防止渗透性污染对比，如图3-2所示。

（3）整体研磨

整体研磨是对安装完成后的石材进行整体表面磨削处理，以有效地消除石材安装的缺陷，消除接缝高低差，提高石材装饰面的整体平整度和光泽度。

研磨根据磨料粒度的粗细，分为粗研磨、细研磨、精细研磨。磨片（抛光片）根据所含磨料粒度粗细分成不同型号，磨料根据硬度分为普通磨料和超硬磨料两类，金刚石为超硬磨料。

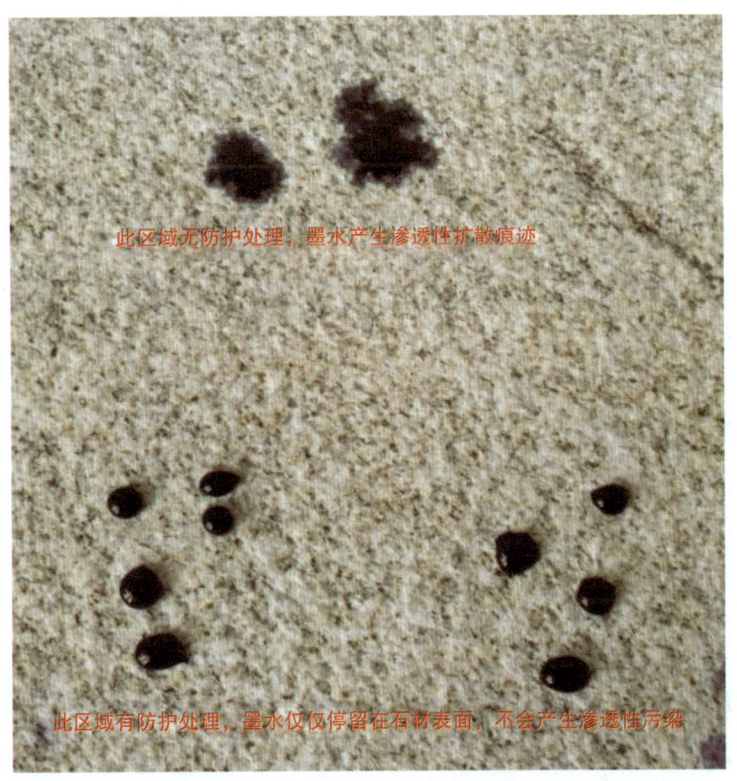

图 3-2 未使用石材防护剂和使用石材防护剂的防止渗透性污染对比

（4）抛光处理

铺装在地面上的石材，其表面会受到行人脚踏等的磨损，石材光泽效果出现下降，定期采用有效技术和材料对石材的表面进行抛光处理可以维持或提高石材表面光泽。光泽是人们用来表示石材表面亮度和色彩的常用术语。它实际上包含两个不同的概念。"光"和"亮"，通常是表达石材表面光滑和明亮的程度，能够量化，如图 3-3 所示。对于石材表面色彩程度的表达，可以用"泽"来表示。通常所说的"色泽"，就是对石材表面色彩饱和程度的一种描述。

图 3-3 石材的光亮程度可以被量化

(5)再结晶硬化处理

再结晶硬化处理是指使用一些专用化学材料对大理石表面进行抛光再处理。这些材料在机械的作用下,借助于摩擦时产生的热量,与大理石表层的结构和组织产生结合和微流变反应,从而产生新的质地较为坚硬和光亮的共混结晶层。它是一种常用的大理石表面光泽保养方法,可以有效地恢复和提高大理石表面的光泽效果。花岗石质地坚硬,化学性质也不够活泼,所以再结晶硬化处理不适合花岗石的光泽保养。

二、木材

1. 木材分类

木材来源分为针叶材、阔叶材两大类。针叶材有松木、杉木等。木地板常用的阔叶材有橡木、枫木、胡桃木、樱桃木、柚木等。家具常用的阔叶材有花梨木、酸枝木、鸡翅木、樱桃木、胡桃木、榆木等。

2. 木材应用场景

木材应用场景可以分为木质家具和木地板。木地板按照木质组合成分通常分为实木地板、浸渍纸层压木质地板、竹地板和软木地板。

3. 木质产品清洁保养方法

(1)清洁剂应选择专门用于清洗木地板或木器的清洁剂。

(2)选用酸碱度为中性或弱碱性、无残留、环保的水性清洁剂。酸性或碱性清洁剂都会损伤木质材料表面,而无残留是指清洗工作完成后,清洁剂不会留在被清洗的木质材料表面上。

(3)使用超细纤维毛巾可以更好、更彻底地清洗干净木质材料表面,通过和无残留的清洁剂配合,最大限度地保证清洗后的表面没有污物残留。超细纤维毛巾是将纤维切成相当于头发丝 1/200 的细度,纤维外表面裹一层聚酯,在擦拭木质材料表面时会产生静电,将木质材料表面的污物有效地吸附在其上面,而且不会掉毛。

(4)木质材料表面清洗时,液体清洁剂用量越少越好,这是因为现在的木质产品追求自然、原始的风格,越来越多的木质产品表面选择的是半开放或开放漆、自然油等,如果清洁剂用量过大,被清洗掉的污物和清洁剂可能渗透侵入木纤维。

(5)如果使用清洗涂漆表面的清洁剂清洗涂油或木蜡油的木质产品表面,会将保护木纤维的部分油脂连同污物一同清洗掉。如果用清洗油面或木蜡油面的清洁剂清洗涂漆的木质产品表面，会将清洁剂中的部分油脂留在漆面，有可能导致木质产品表面变花、变滑。

（6）清洗木质产品表面时，不能直接使用浓缩的清洁剂，否则会导致木质产品表面出现清洗痕迹。使用清洁剂完成清洗工作后，无须再用湿的超细纤维毛巾擦一遍，因为自来水会导致木质产品表面产生痕迹。进行木质产品表面的日常清洗工作前，需要检查其表面涂层是否有破损区域。在清洁木质产品表面时，无论采用干清洁还是湿清洗，最好是沿木材的纹理方向进行。

三、金属材质

1. 金属制品分类

常用的金属制品主要分为不锈钢制品、铝合金制品、铝塑制品、金属镀件、铁艺制品等。不锈钢制品有垃圾桶、餐车、窗户、电梯门、洁具等。铝合金制品，最常见的是铝合金门窗、装饰面板。铝塑制品用于大楼外墙、帷幕墙板、室内墙壁及天花板、广告招牌、展示台架等。金属镀件有镀锌钢板，常用于地面铺设。铁艺制品脱胎于铁器、铁制品，保留了古朴的质感，加入了艺术家的设计，融合了现代金属处理工艺，广泛应用于建筑、家具、园林。

2. 金属制品清洁保养的方法

（1）预防性清洁

预防性清洁可以减少金属制品维修成本、延长其使用寿命、维持其装饰功能。无论金属制品污染情况如何，都必须定期进行预防性清洁。室内金属制品要定期除尘、上光。在室外使用的金属制品，应定期清洗除垢。

（2）定期清洁

铜、不锈钢器具一般2~4周彻底清洁一次。清洁前准备好所需的清洁剂（擦铜油、不锈钢清洁剂）和超细纤维毛巾。使用清洁剂前需轻轻摇动，使之均匀无沉淀。将适量清洁剂均匀地涂抹在叠好的超细纤维毛巾上，立即均匀地用力擦拭铜、不锈钢器具表面，不能等清洁剂干后再擦。如器具表面太脏，可用干净的超细纤维毛巾快速反复用力擦拭，直至表面光亮为止。

（3）日常保养

金属制品的日常保养要注意清洁表面、消除锈迹、远离酸碱和日晒、隔绝潮湿及避免磕碰划伤。

（4）定期保养

定期用干净的软性材料，如纸巾、超细纤维毛巾等擦拭干净金属制品，再涂上专业金属表面保护剂，可使金属制品保持长久的光洁亮丽。

四、地毯

1. 地毯分类

地毯的种类繁多，根据材质可分为羊毛地毯、尼龙地毯、丙纶地毯、涤纶地毯、腈纶地毯、人造丝地毯、天蚕丝地毯、剑麻地毯等。

2. 地毯的设施应用

近年来，地毯被大量用于酒店、办公室、KTV会所及高端别墅等场所。地毯除了美观奢华，还因其表面粗糙的纤维结构可以吸附飘浮在空气中的尘埃，能够净化环境。

3. 地毯清洁保养的方法

地毯需要日常保养和定期护理，当室内空气中污染物的浓度达到或超过一定程度时，沉积在地毯底部的污垢容易滋生细菌及微生物，造成环境的二次污染，严重危害身体健康。

（1）预防性清洁

预防性清洁包括但不局限于使用室外地垫和室内地垫作为预防性措施，以防止室外的污物被带进室内。在进行地毯预防性清洁的过程中，有很多需要注意的事项，包括建立清洁规划图、人群流量图和清洁活动领域的规划。

（2）日常清洁

日常清洁可以使用地毯专用吸尘器。必须对吸尘器进行定期检查，以确保吸尘器能正常安全工作。

（3）中期清洁

中期清洁是指定期对地毯进行有效的清洁，以去除地毯深层的污渍和残留物。全年至少进行四次地毯中期清洁。对人流量较大的地毯重点使用区域进行定期的巡回检查。如果地毯表面颜色发暗，表明地毯底部已经沉积了大量的污垢，需要对地毯进行中期清洁。

（4）深层清洁

深层清洁是指在地毯已经被严重污染的情况下，对地毯进行有效的清洁，以完全去除地毯表面污渍和地毯底部深层的污垢。全年至少进行两次地毯深层清洁。

五、玻璃

1. 玻璃分类

玻璃的主要成分是二氧化硅，玻璃的种类有平板玻璃、磨砂玻璃、磨光玻璃和钢化玻璃等。

2. 玻璃的设施应用

玻璃设施主要分为玻璃幕墙、玻璃门窗、玻璃隔断和玻璃器皿四种。

3. 玻璃的清洁方法

（1）局部清洁

在超细纤维毛巾上喷适量清洁剂，按照从上到下、从左到右的顺序擦拭。

（2）整体清洁

将玻璃清洁剂按比例配好；用涂水器把配好的清洁剂从上到下涂抹到玻璃上，直至全部抹湿；然后用玻璃刮从上到下、从左到右刮擦玻璃。完毕后检查所擦拭的玻璃。如有不干净处，则需要重复刮擦；如有微小水渍，则用干超细纤维毛巾擦拭干净。

（3）深层清洁

先用铲刀和清洁球清除玻璃上的顽固污渍，然后用高压喷瓶将配好的玻璃清洁剂溶液均匀地喷到玻璃上，使用双面玻璃清洁器将玻璃擦干净，用玻璃刮将玻璃边的水痕擦干。

六、涂料

1. 涂料分类

涂料可以分为漆类涂料、油类涂料、蜡类涂料等。常见的漆类涂料有油漆、乳胶漆、地坪漆、真石漆等，涂于地板表层的漆类涂料有 UV 漆和 PU 漆。油类涂料包括自然油、UV 油和木蜡油。不同油类涂料对于木地板的防护作用不同。蜡类涂料的缺点是不耐磨、粘灰，而且每次打新蜡前必须将原有的旧蜡去除干净，否则木地板表面会变花。

2. 涂料的应用场景

涂料的涂装方法有辊涂、淋涂、喷涂、人工涂，通常用于木地板或木质材料、弹性涂层、水泥地坪材质等。

3.涂料类设施清洁保养的方法

（1）除尘清洁

以木地板为例，除尘可使用吸尘器，湿清洁可使用平板拖把、超细纤维毛巾及木地板专用清洁剂进行。每次往大约 1 m² 的木地板表面喷清洁剂，然后用拖把沿木地板铺装方向擦拭。除特别脏的区域需要多擦拭几遍外，其他区域擦拭一遍即可。

木地板湿清洁的次数根据场所确定：家居场所每周至少 1 次；小办公室每周至少 2 次；大办公室每周至少 3 次；商业场所每天至少 1 次；公共场所每天至少 2 次；运动场所每天至少 1 次。

（2）涂层养护

养护木地板需使用木地板专用养护剂。需要注意的是涂漆木地板、涂油木地板和涂蜡木地板的养护剂是不一样的，不能混用。在涂养护剂前，木地板表面必须是清洁干净的。

将养护剂倒或喷在木地板表面，一次大约覆盖 1 m² 的面积即可。使用平板拖把和涂抹垫均匀地将养护剂在木地板表面摊开，然后沿木地板铺装方向，将拖把贴在木地板表面拖一遍。

木地板养护的次数根据场所确定：家居场所每年 2~3 次；小办公室每年 3~4 次；大办公室每年 4~6 次；商业场所每年 8~12 次；公共场所每年 8~12 次；运动场所每年至少 12 次。

七、弹性地面

1.弹性地面分类

弹性地面分为橡胶地板、PVC 地板、亚麻地板。橡胶地板是天然橡胶、合成橡胶和其他高分子材料制成的地板。天然橡胶地板价格较贵，使用寿命较长，一般可使用 15 年以上。PVC 地板是当今非常流行的一种新型轻体地面装饰材料，也称为"轻体地材"。PVC 地板无毒无辐射，可再生，安全环保，超轻超薄，耐磨耐刮擦，防滑、防火、防水、吸音、抗菌。亚麻地板不释放甲醛、苯等有害气体；有防菌功能，可有效抑制有害细菌生长；抗压性能和耐污性良好，被办公桌椅、皮鞋等重压、碾压后不留难以去除的痕迹。

2.弹性地面的应用场景

橡胶地板广泛用于家庭阳台、厨房、客厅、卧室、洗手间、娱乐活动场所、健身房、训练馆、舞台，计算机房、变电所、精密仪器制造存放场所，以及幼儿园、老年人活动中心，按摩室、医疗单位。

PVC 地板广泛应用于教育、医疗、商业、体育、工业、交通等领域。

亚麻地板可用于家庭、公共场所、工业生产区域，要根据用途选用合适等级的亚麻地板。

3.弹性地面的清洁保养方法

（1）日常清洁

每日至少清洁一次，用拖把或吸尘器清除表面灰尘。如某处脏污严重，可使用中性清洁剂擦洗，然后用清水擦除残留清洁剂。医院、展览馆、车站和机场等人流密集的公共场所，应加大日常清洁频次。

（2）定期清洁

清洗地面的水量不宜过多，以免水流沿缝隙处渗入。先将地面打磨洗刷一遍，不要把水吸掉，保持 10~15 min，再洗一遍。用拖把或吸水器除去污水，然后用清水洗刷一遍，吸干。最后用干拖把擦干地面。清洁时，根据场地脏污情况选用普通或高效清洁剂，按比例稀释，面积小的地方或楼梯可使用长柄刷，面积大的地方使用专用擦地机。

（3）橡胶地板的保养

橡胶地板的保养主要应注意防划、防水、防腐蚀、防烧，并做到及时养护。

1）防划。因为橡胶地板是一种软面体，划伤后很难恢复，所以不要在橡胶地板上拖拉桌椅等物体，即使是纸箱和木箱也很容易划伤橡胶地板。

2）防水。如果把橡胶地板长时间浸泡在水中，地板容易起鼓或翘边，所以平时要注意防水。尤其是靠近洗手间和开水间的地方，要尽量避免将水洒落到橡胶地板上，如果不小心洒到地板上，应该立即擦拭干净。

3）防腐蚀。橡胶地板和橡胶地垫腐蚀后会留下疤痕，影响美观，所以要尽量避免酸碱性物质洒落到地面上。

4）防烧。经过火烧后，橡胶地板不但会变得不美观，还非常容易破碎，所以要避免烟头接触橡胶地板。

5）及时养护。为了长久地使用，要做好橡胶地板的养护工作，一般每季度打一次蜡，并且需要由专门的保洁员操作，蜡未干前避免踩踏。

八、皮革

1. 皮革分类

皮革分为真皮、人造革、再生皮等。真皮是牛、羊、猪等动物的原皮，经鞣制加工后，制成具有某种特性、强度、手感、色彩、花纹的皮革。人造革也叫仿皮，是PVC、PE和PU等人造材料的总称。它是在纺织布基或无纺布基上，由各种不同配方的PVC、PE和PU等发泡或覆膜加工而成，具有花色品种繁多、防水性能好、边幅整齐、利用率高和价格相对便宜的特点。

2. 皮革的应用

皮革触感柔软、舒适，相比于织物，皮革表面光滑，易清洁。皮革可用于医疗行业，如病床、医疗椅等。皮革可用于墙体软包，能够防撞，降噪声。皮革可用于室内外家具及汽车、火车、轮船等交通工具内的装饰。

3. 皮革的清洁保养方法

（1）预防性清洁

使用半干超细纤维毛巾擦拭皮革表面，避免清洁工具不洁对皮革的污染，同时注意避免划伤皮革。

（2）日常清洁

每天用半干的白色超细纤维毛巾擦拭皮革表面，除尘除污。

（3）定期清洁

将白色超细纤维毛巾对折再对折，然后将中性清洁剂按照一定比例稀释，喷于毛巾上，清洁皮革表面。再将皮革护理剂喷在一块干净的白色超细纤维毛巾上，擦拭皮革表面，上光。

培训项目 2

保洁服务场景

一、大堂

1. 环境特点

大堂是进入大厦必经的场所,是显示大厦等级和管理水平的重要区域。大堂中人多且来往频繁,因此带入的尘土也较多,如不及时清除,将会扩散到大厦的其他区域。为减少室外尘土带入室内,大堂入口处应放置防尘脚垫。遇到下雨天时,大堂入口处应铺吸水的脚垫。大堂入口区域应设专人推尘,随时擦拭人们进入时留下的脚印。另外,大堂装修一般较大厦其他区域豪华,摆设和饰物较多。大堂环境如图 3-4 所示。

图 3-4 大堂环境

大堂的布置应突出现代化气息，各种装饰物的布局应合理，格调大气、高雅，色彩协调，细部处理精致。大堂内鲜花和绿色植物要及时更换，要求无枯枝死杈，叶面无灰尘，保持鲜花和绿色植物生机盎然。大堂地面的材质多为花岗石、大理石、水磨石、瓷砖等，应根据不同材质，采取不同的清洗方法。不锈钢、铜、铝合金等装饰，如柱子、扶手、标牌等，容易受氧化腐蚀，擦拭时要选用专用清洁剂、保护剂，切忌造成划痕。注意不要碰倒、碰坏大堂内的各种摆设和饰物。

2. 保洁项目

（1）地面及入口处的清扫。

（2）玻璃门、玻璃屏幕、隔断的擦拭。

（3）各种家具、摆设以及装饰物、标牌、消防器具等的擦拭。

（4）墙壁和墙壁上装饰物、标牌、开关盒的扫尘、擦拭。

（5）果皮箱的清倒、擦拭。

（6）金属柱子、扶手、饰物等金属制品的擦拭。

（7）烟灰缸的清倒、更换。

（8）天花板、吊灯等特殊物品的清扫。

3. 保洁标准

门、窗、玻璃、墙壁洁净、明亮，无损坏，无乱贴物；地面无灰尘，无污渍，无纸屑，无杂物，无卫生死角；楼道楼梯无污迹，无杂物堆积；旋转门、门中轴、门框、门边缝部位光亮，无痕迹，无灰尘；旋转门空调出风口无灰尘，无污迹；门把手干净，无痕迹，定时消毒；电梯内外清洁光亮，无乱贴物；废纸桶、垃圾桶无异味，无外溢，无蚊虫。

二、卫生间

1. 环境特点

卫生间的人流量大，使用人员复杂，同时大量的排泄物、污水及废弃杂物在较为潮湿的环境下极易滋生和繁殖各种细菌和病毒。因此，认真做好卫生间的消毒工作，对防止疾病的传染，保护人们的身体健康，具有十分重要的意义。

卫生间的环境问题主要有两个方面：

（1）通风。高层建筑的卫生间排气道一般比较狭窄，自然通风的效果差。一旦遇到无风天气，卫生间里的异味很难排到室外，甚至会扩散到室内，从而污染室内空气环境。

（2）防潮。很少有卫生间设计在朝南的阳面位置，而且多数没有窗户，采光不好，加上不能充分与外界空气进行交换，极易滋生和繁殖细菌。

卫生间环境如图 3-5 所示。

图 3-5　卫生间环境

2. 保洁项目

（1）准备清洁剂及工具，包括洁厕剂、中性清洁剂、玻璃清洁剂、空气清新剂、牙刷、玻璃刮洗工具、马桶刷、百洁布、吸尘器、超细纤维毛巾。

（2）天花板及高空附属物的清洁。

（3）墙面及墙面附属物的清洁。

（4）窗面和门框的细致清洗。

（5）垃圾桶的细致清洗。

（6）洁具的清洗。

（7）地面的清洁。

（8）烘手器的擦拭。

（9）门口滤尘垫的清洁。

3. 保洁标准

经常打开排气扇进行通风换气，必要时打开窗户换气，待异味消除后再关闭窗户；注意检查卫生洁具存水弯的水封是否完好，防臭地漏盖是否完好，防止排水管的异味和臭味进入卫生间；对卫生间内的墙壁、地面、天花板等进行消毒；日常喷洒的空气清新剂虽有消毒杀菌作用，但在疾病易于传播的季节，应采用化学消毒，即配制 1%~5% 的漂白粉水溶液，然后重点喷洒在地面落水口和便器旁墙壁等位置；对于马桶、水龙头、门把手等人们经常接触的部位，应采用配制好的消毒水擦拭，待其稍稍作用后再用蘸水超细纤维毛巾抹净。坐便器、小便池要刷洗干净，喷洒消毒，保持无异味、无污迹、无水渍、无垃圾、无积水；镜面保持光亮，无水迹，面盆无水锈；云石台面无水迹、无皂迹、无毛发，表面光洁明亮；洁具表面光洁、明亮，内外侧无污渍、无毛发、无异味，定时消毒。

三、办公室

1. 环境特点

办公室环境可分为敞开式办公环境和独立式办公环境。敞开式办公环境人员多，便于同事间工作交流，人员流动频繁，极易造成污染；独立式办公环境相对封闭，环境较好，保洁服务要求相对比较高。办公室环境如图3-6所示。

图3-6 办公室环境

2. 保洁项目

（1）垃圾清理。

（2）地面吸尘或推尘。

（3）门窗擦拭或刮擦。

（4）家具擦拭、保养。

（5）装饰画保洁掸尘。

（6）灯具和风口定期清洁消毒。

（7）茶水间清洁。

（8）独立卫生间清洁。

（9）更衣室清洁。

3. 保洁标准

（1）纸篓、垃圾桶更换无遗漏，表面洁净无灰尘。

（2）办公桌、文件柜、开关、插座洁净，光亮，无灰尘。

（3）沙发、椅子无灰尘、毛发、碎屑。

（4）奖杯、铜字、铜牌等干净，光亮，无灰尘。

（5）地面、踢脚线、边角处无尘，无污迹，无垃圾，无发丝。

（6）门窗玻璃、隔断干净，光亮，无污迹，无擦痕，无手印。

（7）屋顶、灯具、墙面、出风口无灰尘。

（8）门把手、开关面板、设施的公共触点干净。

四、电梯

1. 环境特点

电梯根据结构分为厢式电梯和自动手扶电梯。厢式电梯根据用途分为客用电梯、医用电梯、观光电梯和货用电梯。自动手扶电梯分为梯阶式自动手扶电梯和斜坡式自动手扶电梯。

早、中、晚时间段是电梯使用高峰期，人员流动频繁，电梯常常处于不间断的使用状态，极易脏污。厢式电梯常处于封闭状态，空气流动性差，特别要注意清洁卫生，注意清洁的时间安排和频次安排，避开电梯使用高峰期。

电梯环境如图3-7所示。

2. 保洁项目

（1）厢式电梯的整体轿厢清洁。

（2）电梯沟槽清洁。

（3）厢式电梯玻璃或镜面擦拭。

（4）电梯按键清洁消毒。

（5）手扶电梯手扶带的清洁。

（6）手扶电梯梯面的清洁。

（7）不锈钢上光保养。

图 3-7 电梯环境

3. 保洁标准

（1）不锈钢、玻璃应洁净、明亮，无污迹，无乱贴物。

（2）地面无水迹，无污渍，无杂物，无卫生死角。

（3）沟槽无积尘，无油渍。

（4）厢式电梯内无异味。

五、停车场

1. 环境特点

停车场中车辆驶来驶去，设施多样，保洁作业要注意安全，要穿反光背心作业。停车场面积较大，可使用驾驶式清洁机、驾驶式尘推车进行保洁作业，如图 3-8、图 3-9 所示。

2. 保洁项目

（1）刹车印清洁。

（2）地面清洁。

（3）通风管道外侧掸尘。

（4）消火栓清洁擦拭。

（5）停车场设施表面擦拭。

（6）排水沟的清洁。

图 3-8 驾驶式清洁机

图 3-9 驾驶式尘推车

3. 保洁标准

（1）地面洁净，无垃圾，无烟头，无积尘。

（2）排水沟中无杂物，无积水。

（3）外围通道地面应保持畅通，无杂物、无积灰、无积水、无污迹、无油渍，地面应保持原色。

（4）各类告示牌、照明灯具、栏杆、立柱、反光镜等表面无积灰，无污垢，无污迹。

六、庭院

1. 环境特点

庭院作为人们休息的环境空间，公共设施较多且分散，清洁难度相对较大。清理庭院内的垃圾是日常保洁工作的重点，庭院内凉亭的清扫和擦拭是保洁难点。

庭院环境如图 3-10 所示。

图 3-10　庭院环境

2. 保洁项目

（1）道路、绿地、广场及街心花园的清洁。

（2）喷水池的清洁。

（3）停车场的清洁。

（4）排水沟的清洁。

（5）广告牌、指示牌、宣传栏、雕塑、装饰物的清洁。

（6）垃圾桶的整理和清洁。

（7）室外灯具的清洁。

（8）游乐设施、健身器材的清洁。

3. 保洁标准

（1）道路、绿地、广场干净，无灰尘，无杂物。

（2）花坛表面洁净，无污渍。

（3）水池水质清澈，池底无沉淀物，水面无杂物，水池周围地面及花石无污渍。

（4）排水沟无污迹，无青苔，无杂草，排水畅通。

（5）宣传栏、指示牌、广告牌等干净。

（6）雕塑、装饰物无污迹，无积尘。

（7）垃圾桶无污渍，无外溢垃圾。

（8）灯具、灯罩无积尘，无污迹。

（9）设施表面干净光亮，无灰尘，无污渍，无锈迹。

（10）游乐场周围整洁干净，无杂物。

七、会议室

1. 环境特点

会议室通常设置在办公区内。会议室人员流动频繁，极易受到污染。大型会议室应在会前、会后进行整体清洁，小型会议室可以在参加会议的人员离开后进行整理清洁。

2. 保洁项目

（1）垃圾清理。

（2）地面吸尘或推尘。

（3）门窗擦拭或刮擦。

（4）家具擦拭、保养。

（5）装饰画保洁掸尘。

（6）灯具和通风口定期清洁消毒。

（7）独立卫生间清洁。

3. 保洁标准

（1）纸篓、垃圾桶更换无遗漏，表面洁净，无灰尘。

（2）展示物品、开关、插座洁净，光亮，无灰尘。

（3）沙发、椅子无灰尘、毛发、碎屑。

（4）奖杯、铜字、铜牌等干净，光亮，无灰尘。

（5）地面、踢脚线、边角处无灰尘，无污迹，无垃圾，无发丝。

（6）门窗玻璃、隔断干净，光亮，无污迹，无擦痕，无手印。

(7)屋顶、灯具、墙面、出风口无灰尘。

(8)门把手、开关面板、设施的公共触点干净。

八、楼道楼梯

1. 环境特点

楼道用于个人空间和公共区域的连接,而楼梯用于上下楼层的连接。写字楼的楼道通常会悬挂宣传画或摆放摆件。有些住宅的楼道楼梯会摆放杂物,保洁员应在物业的统一要求下,清理楼道楼梯的杂物,以保证消防安全。楼道楼梯的保洁工作内容琐碎,随机性强。

楼道楼梯环境如图3-11所示。

图3-11 楼道楼梯环境

2. 保洁项目

(1)楼道地面保洁。

(2)电梯前室保洁。

(3)消火栓、管井门、防火门保洁。

(4)公共卫生间保洁。

(5)玻璃、栏杆、地毯清洁。

(6)楼梯扶手、护栏清洁。

(7)天花板、光管罩、指示牌清洁。

（8）墙面、地面保洁。

3. 保洁标准

（1）地面无废弃物、纸屑和污迹。

（2）墙面、安全指示灯、各种标牌表面干净，无灰尘，无水迹。

（3）玻璃窗（玻璃、窗框、窗台等）明亮，无污迹。

（4）各种设施（消防设施、电箱、信箱、奶箱、展板等）外表清洁干净，无积尘，无污痕。

（5）楼梯无灰尘，无杂物；扶手、栏杆光洁，无积尘。

（6）楼梯间的门干净，无灰尘，无污痕。

培训项目 3 常见保洁服务业态

一、医院

1. 保洁特点

医院是病人密集的场所，人流量大，容易被病原微生物污染，而导致医院感染的发生。医院感染对社会和个人均会带来严重危害。为此，保洁员必须采取综合性清洁消毒措施，如一客一消毒和一巾一用，确保每次消毒、灭菌、抑菌都达到预定的要求，以有效预防和控制医院感染的发生。

医院环境如图3-12所示。

图3-12　医院环境

2. 保洁项目

（1）病房的门、窗、地面、床头、桌椅以及厕所、浴室的清洁。

(2)病人的脸盆、痰盂、便器等用具的消毒。

(3)衣物、毛巾的清洁消毒。

(4)门诊大厅及诊室的清洁消毒。

(5)楼道设施的清洁消毒。

(6)医用垃圾的集中收集清运。

(7)使用后的清洁工具和毛巾的消毒。

3. 保洁标准

(1)门、窗、玻璃、墙壁洁净,无损坏,无乱贴物。

(2)地面无灰尘,无污渍,无纸屑,无杂物,无卫生死角。

(3)楼道楼梯无污迹,无杂物。

(4)电梯内外清洁光亮,无乱贴物。

(5)废纸桶、垃圾桶无异味,无外溢,无蚊虫。

(6)卫生间清洁,无异味,无积水,无杂物。

二、购物中心

1. 保洁特点

购物中心一般位于较繁华地带,人员进出频繁。购物中心可以满足餐饮、娱乐、购物等多方面需求,保洁工作要根据购物中心内环境空间变化,采取不同的保洁方式。

购物中心如图3-13所示。

图3-13 购物中心

2. 保洁项目

（1）地面的清洁和养护。

（2）玻璃、镜面的清洁。

（3）手扶电梯和厢式电梯的清洁。

（4）办公室的清洁。

（5）洗手间的清洁。

（6）公共通道和楼梯的清洁。

（7）消防设施和垃圾桶的清洁。

3. 保洁标准

（1）门、窗、玻璃、墙壁洁净，无损坏，无乱贴物。

（2）地面无灰尘，无污渍，无纸屑，无杂物，无卫生死角。

（3）楼道楼梯无污迹，无杂物。

（4）电梯厢内外清洁光亮，无乱贴物。

（5）废纸桶、垃圾桶无异味，无外溢，无蚊虫。

（6）卫生间清洁，无异味，无积水，无杂物。

三、办公楼

1. 保洁特点

办公楼的使用者主要为企事业单位，员工上下班时间相对集中，这是办公楼保洁的主要特点。

办公楼公共区域的电梯、厅堂、走廊、卫生间使用最频繁，容易滋生细菌，要保证干净整洁。办公楼建筑材质相对高档，对清洁技术要求很高。设计独特的建筑外形给保洁服务增加了技术难度。

办公楼如图3-14所示。

2. 保洁项目

（1）分类垃圾检查、整理并清运。

（2）地面吸尘或推尘。

（3）门窗擦拭或刮擦。

（4）家具擦拭、保养。

（5）楼道装饰画、装饰物保洁掸尘。

（6）灯具和风口定期清洁、消毒。

图 3-14 办公楼

(7) 楼道茶水间清洁、消毒。

(8) 公共卫生间清洁、消毒。

(9) 更衣室清洁。

3. 保洁标准

(1) 地面干净，无明显灰尘，无污渍，无垃圾。

(2) 门窗无污迹。

(3) 家具、物品无灰尘，无污迹。

(4) 天花板无灰尘，无蜘蛛网。

(5) 办公设备无灰尘。

(6) 框架、滑道无污垢，无积尘。

四、住宅小区

1. 保洁特点

住宅小区保洁通常分楼内保洁和楼外保洁。楼内有厅堂、楼道楼梯、电梯等。厅堂即门厅及大堂，是住宅楼的进出口。楼道楼梯是人员走动的公共通道，容易被踩脏。楼外公共环境保洁又称外围保洁或园区保洁，是住宅小区保洁服务的重要组成部分，保洁范围包括车道、人行道、广场、花园、运动场、停车场、游乐设施、健身器材、路灯等。

住宅小区如图 3-15 所示。

图 3-15 住宅小区

2. 保洁项目

（1）楼道楼梯的清扫、清洁。

（2）公共区域道路地面及设施道路清洁。

（3）广场、花园清洁。

（4）喷水池、绿地清洁，车场清洁，排水沟清洁。

（5）园区环境清洁，擦拭园区设施，拾拣园区垃圾。

（6）路灯、宣传栏、雕塑的保洁。

（7）室外雨水箅子、污水井及管道的清理疏通。

（8）垃圾屋的清扫、装运和消毒工作。

3. 保洁标准

（1）道路干净，无灰尘，无杂物，无明显泥沙，无污渍，无痰渍。

（2）花坛表面洁净，无污渍。

（3）水池水质清澈，池底无沉淀物，水面无杂物，水池周围地面及花石无污渍。

（4）排水沟无污迹，无青苔，无杂草，排水畅通。

（5）宣传栏、指示牌、广告牌等干净无尘。

（6）雕塑、装饰物无污迹，无积尘。

（7）垃圾桶、果皮箱无污迹，无油迹。

（8）灯具、灯罩无积尘，无污迹。

（9）设施表面干净光亮，无灰尘，无污渍，无锈迹。

（10）游乐场周围整洁干净，无杂物。

五、学校

1. 保洁特点

学校在上课时一般比较安静，下课时比较喧闹，保洁员应该根据此特点，充分利用上课时间进行保洁作业。不可使用湿拖法拖擦地面，以防因为地面未干，导致学生摔倒。学校环境如图3-16所示。

图 3-16 学校环境

2. 保洁项目

（1）楼道楼梯的清洁。

（2）卫生间的清洁、消毒。

（3）校园道路、操场、球场的清洁。

（4）门窗的清洁。

（5）学生宿舍垃圾清理。

（6）图书馆的清洁。

（7）公共场所以及教学、行政区域的清洁。

（8）办公室清洁。

3. 保洁标准

（1）大厅、楼梯等公共场所及教学、行政区域应干净明亮，无灰尘、无废纸、无污迹、无指印、无异物。

（2）卫生间的墙面、地面、台面、通风口、水盆等处应无异味，无污垢，不潮湿，镜子明亮。

（3）纸篓无异味，无蚊虫。

（4）校园道路、操场、球场无尘土，无积水，无杂物。

思考题

1. 简述保洁设施材质的种类。
2. 简述各类保洁服务场景的环境特点、保洁项目、保洁标准。
3. 简述各类保洁服务业态的保洁特点、保洁项目、保洁标准。

培训模块 四

污垢清除

培训项目 1 污垢概述

一、污垢定义

污垢是指由于自然界污染，在物体表面或基材内部形成的一种沉积物。

二、污垢的分级

污垢一般分成三级，一级是灰尘，二级是污渍，三级是污垢。通常所说的污垢是三者的统称。日常保洁中，常见的污垢有灰尘、胶性残留物、尿垢、水垢、血液、排泄物、油脂，以及混合型污垢。

1. 灰尘

灰尘包括浮在空气中的尘和落在物体表面上的灰。

2. 污渍

污渍是指基体上或其他物体表面存在的一种不受欢迎的物质，通常由几种不同化学、物理特性的物质非均匀混合而成。

3. 污垢

污垢有油基、水基两类。随着人们生活水平的提高，污垢的种类越来越多，成分越来越复杂。污垢的危害要远远超过灰尘和污渍。不及时清除污垢，就会在建筑物装饰表面留下永久的印迹，使装饰表面失去光彩。

三、污垢的分类

污垢可分为液体污垢、固体污垢、特殊污垢三类。液体污垢主要有油类、尿液、茶水、红酒、咖啡等。固体污垢主要有尘土、铁锈、盐类等。特殊污垢是液体污垢与固体污垢的混合物。

培训项目 2 污垢清除方法

一、物理除污

1. 物理除污方法

物理除污是通过擦拭、清扫、铲除、吸尘、高压冲洗等物理方式除去建筑物材料表面污垢的方法。

（1）擦拭

擦拭是日常清洁工作中重要的清洁手段之一，它的主要目的是除去家具、台面、门窗等作业面上的灰尘和污垢。对于油漆、不锈钢面，要用干超细纤维毛巾轻轻地擦去物体表面的灰尘。对于高级木制家具，要用喷洒碧丽珠的超细纤维毛巾擦拭。

（2）清扫

清扫是日常保洁工作中经常使用的清洁方法，如用扫帚清扫地面，用小扫帚清扫床铺和沙发。

（3）铲除

铲除是指保洁作业中对硬质作业面的刮污方法，如保洁员铲除垃圾和小广告等。油漆、沥青等胶状固体要采用铲除的方法去除。

（4）吸尘

吸尘是指使用吸尘器除尘。吸尘可以清除沙发上或地毯深层的灰尘和螨虫。

（5）高压冲洗

高压冲洗是清除油脂垢、沥青垢等重油垢的最佳手段。

2. 物理除污的特点

物理除污的特点是高效、无腐蚀、安全、环保。物理除污可以简便快捷地除掉轻度污垢。

3. 物理除污的适用范围

物理除污适用于各种建筑物内硬质地面和地毯的清洁以及各种材质表面的清洁。

二、化学除污

1. 化学除污方法

化学除污是利用打湿、中和、皂化、乳化等化学反应去除建筑材料表面各种污垢的方法。化学除污快速高效，需注意使用对人及环境无危害的清洁剂。地面可以使用单擦机用全能清洁剂清洁。马桶可以使用洁厕剂清洁。玻璃可以使用玻璃清洁剂刮擦。地毯可以使用地毯香波清洁。

（1）打湿

水本身难以渗透到污垢中，除污产品含有可降低水表面张力的成分（表面活性剂/润湿剂），能使水进入物体表面和污物之间，并使污物松动。一旦污物松动，就可将其清除。

（2）中和

多数污物呈酸性，要清除它们就需进行中和。碱或合成洗涤剂中含有可产生中和作用的碱物质。

（3）皂化

皂化是碱物质与污物中的脂肪酸发生反应并形成肥皂的过程。石油基油脂不能进行皂化。

（4）乳化

乳化是表面活性剂或溶剂将石油基油脂打碎成小粒子并使之分离悬浮在洗涤溶液内的过程。通过乳化作用带走的污物通常为矿物性油脂，如润滑油、机油等。

2. 化学除污的适用范围

化学除污适用于各种物体表面和内部异味的去除以及地毯和硬表面的清洁。

一般情况下可同时采用物理除污与化学除污的方法。

三、生物除污

1. 生物除污方法

生物除污是指利用微生物有氧呼吸或无氧呼吸的分解作用去除污垢的方法。

2. 生物除污的特点

通过有益菌可迅速分解部分微生物混合物中的油脂、蛋白质、碳水化合物、短链和长链脂肪酸，可分解和消化各种物体表面的污垢、油脂、浮渣，可分解腐烂或厌氧环境中产生的带有恶臭气味的挥发性脂肪酸。

3. 生物除污的适用范围

建筑物设施表面的霉菌处理、室内空气净化、除异味等通常采用生物除污的方法。生物除污适用于清除重度和不易清除的污垢，可在清洗管道、下水道等不易使用工具的狭窄空间以及在物理除污与化学除污不适用的情况下使用。

思考题

1. 简述污垢的分级与分类。
2. 简述物理除污的方法。
3. 简述化学除污的方法。
4. 简述生物除污的方法。

培训模块 五
保洁设备、工具、清洁剂

培训项目 1 保洁设备

常用保洁设备包括单擦机、吸尘(吸水)机、抽洗式地毯机、吹干机、手推式洗地机、抛光机、扫地机、洗沙发机、高压冲洗机、结晶加重机、手磨机、高空升降机、驾驶式洗地机、垃圾清运车、扫雪机、扶梯清洗机、地毯干洗机、驾驶式尘推车、驾驶式清洗机,见表5-1。

表5-1 常用保洁设备

名称	构造	用途	图示
单擦机	由电动机、机杆、水箱、操作柄、针盘、洗地刷、电子打泡箱/水箱、脚轮、地毯清洁刷等组成	各种地面清洁,石材结晶处理,低速打磨,干泡/湿泡清洁地毯	
吸尘(吸水)机	由电动机、吸水过滤开关、水桶、吸水手柄、软管、配件组件、钢扒等组成	清洁后,配合吸收污水,如吸尘可更换尘罩。在用泡沫清洗地毯后,配合地毯钢扒可吸除地毯上的污水;地面清洁吸水时,可用刮条吸水	
抽洗式地毯机	由污水箱、清水箱、电动机、吸水装置、滚刷、压力喷头、电源线等组成	清洗并吸除地毯深层的污物	

续表

名称	构造	用途	图示
吹干机	由调节喷口角度杆、携带手柄、进风口网、出风喷口以及电动机等组成	加速空气流通，去除水分，去除地毯清洁后残留的异味，使地毯清洗后迅速干燥	
手推式洗地机	由控制柄、电动机、脚轮、清水箱、控制面板、喷水和吸水装置、地刷、污水箱、排水系统等组成	用于清洗各种硬质地面	
抛光机	由旋转手柄、抛光垫、驱动器以及驱动轮等组成	用于高速抛光地面和蜡面	
扫地机	由电动机、边刷、滚刷、垃圾桶、滤芯、洒水系统、警示灯、手柄、电池、充电器、工作装置等组成	用于清扫厂区车间、公园、街道、车站、码头、小区、仓库、学校、体育场、机场的路面	
洗沙发机	由电动机、软管、喷抽装置、毛刷、水箱等组成	用于清洗布艺沙发	
高压冲洗机	由高压水管、高压水枪、电动机、高压泵总成、加热器、喷油嘴、点火电极、油箱、枪托、滤清器、油泵、风机、高压点火线圈等组成	用于迅速清除大量污垢和油渍，保证清洁的高效性，适用于各种重污区域	
结晶加重机	由带动盘、洗地刷、电动机、开关手柄、水箱、配重铁等组成	用于大理石、花岗石、玻化砖、水磨石等地面的结晶化处理、轻度翻新处理、深度翻新处理	

续表

名称	构造	用途	图示
手磨机	由带动盘、磨盘、电动机、开关手柄等组成	用于建筑物内墙装饰材料表面以及地板装饰材料表面的抛光	
高空升降机	由载人平台、支腿、上控操作台、下控操作台、限位器、直流电升降系统等组成	主要用于仓库、机场、地铁站、工厂、展览馆、宾馆、电影院等场所的高空作业	
驾驶式洗地机	由地刷、针盘、百洁垫、污水箱、清水箱、吸水系统、踏板、蓄电池、充电器、工作装置等组成	主要用于商场、车间、展馆、仓库、医院、火车站、机场等场所的瓷砖地面、大理石地面、环氧树脂地面、水泥地面、油漆地面的清洗工作	
垃圾清运车	由垃圾箱、蓄电池、数字仪表盘、反光镜、警示灯、充电器等组成	用于城镇街道、车站、机场、码头、工厂、学校、医院、广场等的垃圾收集运输	
扫雪机	由雪刷、雪铲（选配）、抛雪装置（选配）、汽油发动机等组成	用于城镇街道、车站、机场、码头、工厂、学校、医院、广场等的积雪清扫	
扶梯清洗机	由吸尘电动机、滚刷电动机、地刷、尘袋、车轮、手柄、操作面板等组成	用于自动手扶梯的清扫、清洁	
地毯干洗机	由操作手柄、清水箱、高压喷枪、高压水泵、刷盘、清水喷嘴、离心动力系统、专属针盘、纤维尘垫等组成	用于地毯日常清洁维护。日常清洁不需要使用药剂溶液和清水；地毯有局部重污渍时，可用喷枪喷洒一些清水，重点清洁即可	

续表

名称	构造	用途	图示
驾驶式尘推车	由前尘推架、后尘推架、驾驶手柄、座椅、置物篮、警示灯、前置照明灯、充电器、蓄电池、充气轮胎等组成	用于玻化砖地面、软胶地面、环氧地坪、木地板、水磨石地面等光滑地面的清洁工作	
驾驶式清洗机	由清水箱、污水箱、刷盘、吸水扒、操作面板、方向盘、橡胶实心轮胎、前照灯、刷盘提拉手柄、吸扒提拉手柄等组成	用于各种地面清洗清洁、污水回收吸干。清洗后的地面不残留污渍，即洗即干	

培训项目 2 保洁工具

一、常用玻璃类保洁工具

常用玻璃类保洁工具包括涂水器、玻璃刮、伸缩杆、玻璃铲刀，见表5-2。

表5-2 常用玻璃类保洁工具

名称	构造	用途	图示
涂水器	由涂水器架和涂水器套组成	用于玻璃、镜子表面的清洁涂抹	
玻璃刮	由刮水器架、橡胶条和手柄组成	用于玻璃、镜子表面的刮水	
伸缩杆	由不锈钢或铝合金管或碳纤维等材料制成，有两节或更多节	配合涂水器、玻璃刮等工具一起使用	
玻璃铲刀	由刀排架和刀片组成	用于铲除附在玻璃表面上的顽固污垢	

二、常用地面类保洁工具

常用地面类保洁工具包括拖把、尘推、地板铲刀、推水器、各种警示标志、各色百洁垫、平推、胶棉拖把、扫帚簸箕套装、板刷、清洁刷、雪铲，见表 5-3。

表 5-3 常用地面类保洁工具

名称	构造	用途	图示
拖把	由蜡拖头、蜡拖柄和长杆等组成	用于地面清洁和地面打蜡	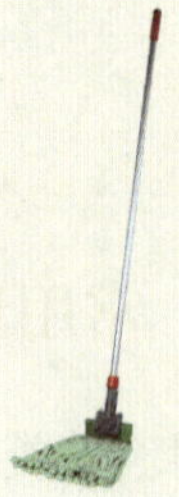
尘推	由尘推杆、尘推架和尘推罩等组成	配合牵尘剂清除地面的尘土，适用于各种地面及蜡面	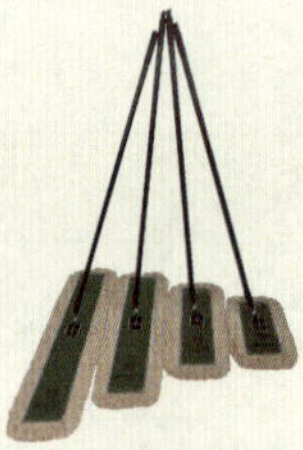
地板铲刀	由铲刀和铲刀架组成	用于铲除附在地面及物体表面的顽固污垢	
推水器	由长杆、托架、海绵条或刮条组成	用于刮除地上的积水	
各种警示标志	由黄色塑料制成，配有黑色和红色字样	在做保洁时，对可能受到影响的人给予告知、提示	

续表

名称	构造	用途	图示
各色百洁垫	—	黑百洁垫用于起蜡及清洁地面的污渍；红百洁垫用于清洗各种石材地面；白百洁垫用于打磨和抛光蜡面	
平推	由长杆、平推架和超细纤维布巾等组成	用于清除石材或弹性地面的尘土、污物	
胶棉拖把	由长杆、胶棉架和可拆卸胶棉等组成	用于吸除地面水分	
扫帚簸箕套装	由扫帚和簸箕组成	用于地面保洁，收集垃圾、尘土	
板刷	由刷毛、托柄和手把组成	用于清洁地面及地毯上的顽渍	
清洁刷	由刷头和长杆组成	用于刷洗石材地面上的污渍	

续表

名称	构造	用途	图示
雪铲	由雪铲架、推雪板、把手、橡胶车轮组成	用于推雪、铲雪、铲冰等	

三、其他常用保洁工具

其他常用保洁工具包括清洁工具车、单桶榨水车、清洁桶、手提篮、喷壶、超细纤维毛巾、老虎夹子、石材表面测光仪、钢丝棉，见表5-4。

表5-4　其他常用保洁工具

名称	构造	用途	图示
清洁工具车	由防火帆布袋、塑料配件、金属架等组成	用于放置保洁工具、用品	
单桶榨水车	由水箱、扭绞器提梁、底部万向轮等组成	用于挤压拖把水分	
清洁桶	由桶体和提梁组成	在清洁时用于盛装水	

续表

名称	构造	用途	图示
手提篮	由提梁和盒身组成	用于放置保洁工具和用品	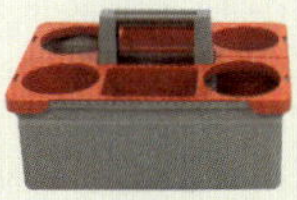
喷壶	由塑料瓶、加压器、喷嘴等组成	用于分装各种清洁剂	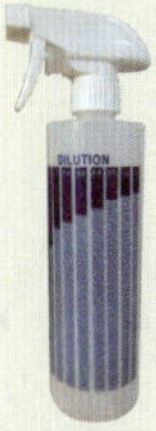
超细纤维毛巾	—	用于设施表面擦拭清洁	
老虎夹子	头部为一不锈钢的弹簧夹，尾部为一锥孔手柄，与伸缩杆连接	配合伸缩杆夹抹布清洁较高的墙面	
石材表面测光仪	—	用于测量石材表面光亮度	
钢丝棉	—	用于花岗石、大理石等地面结晶的清洁	

培训项目 3 保洁清洁剂

一、通用保洁类清洁剂

通用保洁类清洁剂包括洁厕剂、全能清洁剂、玻璃清洁剂、消毒液（84消毒液）、静电牵尘剂、洗手液、洗石水、洗涤灵、洗衣粉，见表5-5。

表5-5　通用保洁类清洁剂

名称	成分	用途	图示
洁厕剂	酸性洁厕剂主要成分是盐酸或草酸，还有表面活性剂、香精、缓蚀剂等	能迅速有效分解厕盆内的顽固污垢，无须费力擦洗；具有杀菌功效，能杀灭厕盆内隐藏的细菌	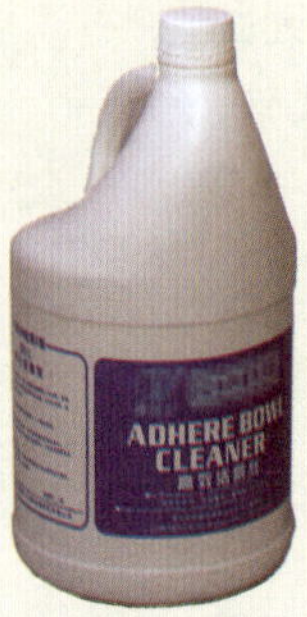
全能清洁剂	一般含有多种表面活性剂、乳化剂、渗透剂，分为酸性全能清洁剂和碱性全能清洁剂	用于清洗家具和洁净物体表面，能迅速去除物体表面的污垢，对汗斑、茶垢、机械油污有特效，是一种多功能、高效环保、可降解的清洁剂	

续表

名称	成分	用途	图示
玻璃清洁剂	主要成分是表面活性剂，略呈碱性或中性，含有氨水及去油污溶剂	主要用于清洗玻璃表面的油污，在家庭生活及工业生产的清洗中具有广泛的用途	
消毒液（84消毒液）	主要成分为次氯酸钠（NaClO），有效氯含量为 5.5%～6.5%	用于多种医疗器械、布类、墙壁、地面、便器等的消毒	
静电牵尘剂	—	用于石材表面的日常去尘维护清洁，能使打蜡的地面更加洁净亮泽。广泛应用于家庭、宾馆、饭店、商场、工厂的大理石地面、木质地板、塑料地板等各种不同材质地面的清洁除尘	
洗手液	主要成分为多种表面活性剂及多功能添加剂	广泛应用于餐厅、商场洗手间门口，主要用于手部清洁、杀菌，含有特定成分的洗手液还可护肤	
洗石水	由多种有机酸组成，采用高浓度配方	能有效清除各种顽固污渍、锈渍，适用于瓷砖及马赛克等石面的积垢清洗	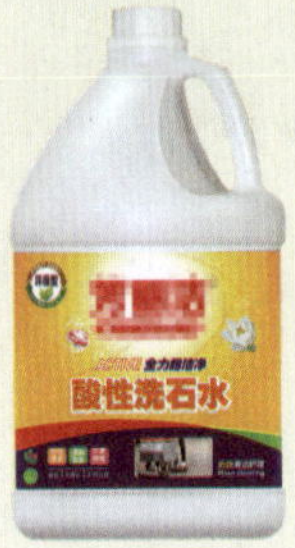

续表

名称	成分	用途	图示
洗涤灵	主要成分是烷基苯磺酸钠	可清除餐具上的油污，有效去除瓜果蔬菜上的残留农药，是人们日常生活中常用的洗涤产品	
洗衣粉	主要成分是阴离子表面活性剂、烷基苯磺酸钠、少量非离子表面活性剂，以及一些助剂、磷酸盐、硅酸盐、荧光剂、酶等	用于洗衣服的化学制剂，能在井水、河水、自来水、泉水甚至海水等各类水质中表现出良好的去污效果，广泛用于各类织物	

二、石材翻新保养类清洁剂

石材翻新保养类清洁剂包括翻新粉、抛光浆、美缝剂、除斑剂/除锈剂、结晶剂、地蜡、面蜡、起蜡剂（水），见表5-6。

表5-6　石材翻新保养类清洁剂

名称	成分	用途	图示
翻新粉	—	用于石材晶面处理，如翻新打磨、结晶抛光。在晶面处理的过程中，石材表面产生物理、化学双重反应的同时，使用翻新粉能使石材表面增亮、加硬，并具有防滑、防脚印、防划伤的保护作用。经翻新抛光后的石材表面干净透亮、光泽度高，石材表面硬度提高，耐磨损、耐粉化、不易退光	

续表

名称	成分	用途	图示
抛光浆	通常由高活性脂、溶剂油及优质抛光微粉科学配比而成	在自动抛光机上抛光石材时使用	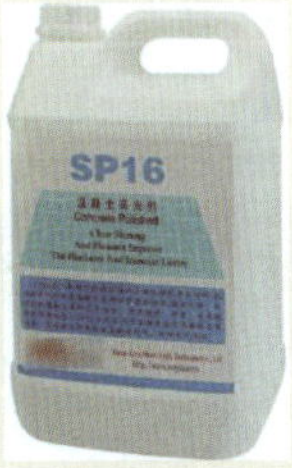
美缝剂	由高科技新型聚合物、高档颜料和特种助剂精配而成	可以在瓷砖粘接后直接填加到瓷砖缝隙中,适合2 mm以上的缝隙填充,施工方便	
除斑剂/除锈剂	—	快速渗入石材内部将铁锈转化,迅速恢复石材本色,不严重损伤大理石、石灰石表面,可以清洗石材表层、深层的锈迹、污渍和黄斑	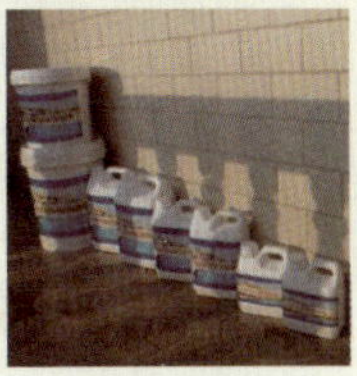
结晶剂	含光亮剂和特种化学晶化剂	配合加重擦地机,可修补大理石轻微损伤并提高大理石晶面亮度及硬度,从而延长光亮时间。一般用于大理石日常保养	
地蜡	主要成分是高分子聚合物	用于大理石地面及木地板等表面,使用后会形成一层光洁的防污保护层	

续表

名称	成分	用途	图示
面蜡	主要成分为金属交联水性高分子聚合物	常用于实木地板、复合地板、大理石、瓷砖、硬质塑料、油漆等地面，能够分解污垢，清除地板深层的顽固污渍和污垢，高效去污	
起蜡剂（水）	主要成分有非离子表面活性剂、超强渗透剂、分散剂等	具有超强渗透和溶解能力，能快速有效溶解各种蜡质及其他油状物质，稀释后可清洗硬质地板的表面油性和水性污垢	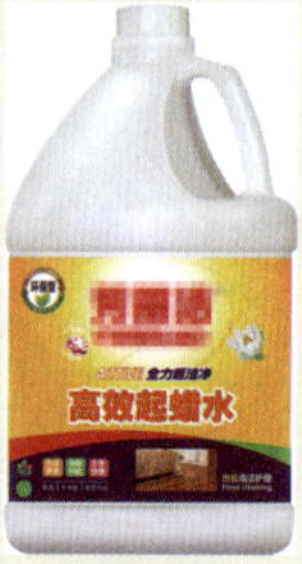

三、地毯清洗保养类清洁剂

地毯清洗保养类清洁剂包括高泡地毯清洁剂（水）、低泡地毯清洁剂（水）、消泡剂、地毯除渍剂、地毯干洗粉，见表5-7。

表5-7 地毯清洗保养类清洁剂

名称	成分	用途	图示
高泡地毯清洁剂（水）	含有多种表面活性剂	在地毯除尘后，配合地毯清洗机，用于清洗地毯、织物等，可从绝大多数天然纤维或合成纤维中快速去除油脂或其他污物	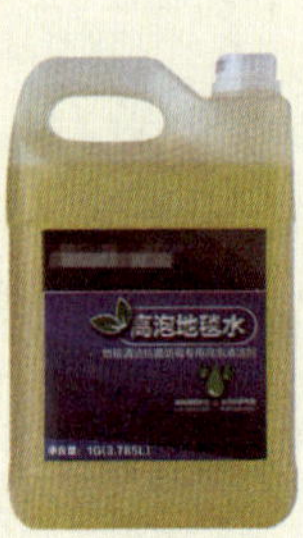

续表

名称	成分	用途	图示
低泡地毯清洁剂（水）	含有多种表面活性剂	适用于清洗地毯、窗帘，可从绝大多数天然纤维或合成纤维中快速去除油脂或其他污物	
消泡剂	由硅氧烷等多种活性助剂精制而成	用在高泡地毯清洗的过程中，抑制地毯清洗机污水箱里的泡沫产生	
地毯除渍剂	—	将原液或稀释液滴洒在污垢上，能迅速清除地毯表面的锈斑、茶渍、咖啡、油渍以及墨水等污渍	
地毯干洗粉	—	用于酒店、高档会所、机场等地毯的清洁，能够迅速清除墨水、酱油以及各种饮料污迹	

四、重污清洗类清洁剂

重污清洗类清洁剂包括除油剂、除锈剂、除胶剂、化油剂，见表5-8。

表 5-8　重污清洗类清洁剂

名称	成分	用途	图示
除油剂	由多种表面活性剂及助剂等配制而成	用于恢复基质表面的洁净度及保持基质表面的完整性，可去除各种物质表面的润滑油脂、霉斑等	
除锈剂	成分有甲基丙烯酸、聚合氯化铝、三乙醇胺、氯化钠、柠檬酸等	适用于松解生锈紧固件，润滑不能拆卸的紧固件，还能有效清洁干燥电子设备，改善传导性能	
除胶剂	主要成分有石油醚、二甲醚、聚乙二醇单丁醚、丙烷、丁烷、聚二甲基硅氧烷	可去除有机胶、玻璃胶、双面胶、不干胶、吸塑胶、软胶、丙烯酸树脂胶、环氧树脂胶、聚氨酯胶等，适用于金属、塑料、大理石、花岗石、陶瓷、不锈钢、玻璃等表面的清洗	
化油剂	主要成分有阴离子表面活性剂、非离子表面活性剂、碱性助剂、螯合剂、去离子水	充分利用表面活性剂对油污的渗透和乳化性能，可迅速去除炉灶、瓷砖、机器的油污及其他油性物	

五、养护防护类清洁剂

养护防护类清洁剂包括皮革保养剂、木地板保养剂、不锈钢养护剂、铜器保养剂、防滑剂,见表 5-9。

表 5-9 养护防护类清洁剂

名称	成分	用途	图示
皮革保养剂	—	用于护理皮衣、皮沙发、皮包、皮椅、皮鞋等真皮制品	
木地板保养剂	—	用于清洗、抛光上蜡等木地板常规清洁养护	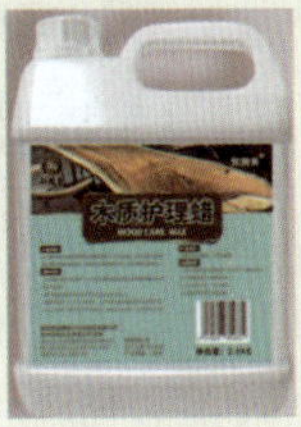
不锈钢养护剂	主要成分为异链烷烃溶剂、石油衍生物、阳离子表面活性物、香精	用于不锈钢表面清洁养护,能有效去除油污、锈迹。用后在不锈钢表面形成保护膜,使金属表面保持光洁如新	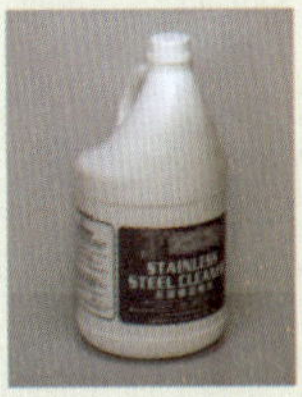
铜器保养剂	—	适用于铜器、金器制品等的清洁抛光	

续表

名称	成分	用途	图示
防滑剂	主要成分为高分子水性聚合物	用于天然石材或硬瓷砖表面防滑	

思考题

1. 简述常用的保洁设备。
2. 简述常用的保洁工具。
3. 简述通用保洁类清洁剂。
4. 简述石材翻新保养类清洁剂和地毯清洗保养类清洁剂。
5. 简述重污清洗类清洁剂和养护防护类清洁剂。

培训模块 六
职业健康与安全

培训项目 1 安全防护的认知

一、安全防护的定义

安全防护是指做好准备和保护，以避免伤害，使被保护对象处于没有危险、不受侵害、不出现事故的安全状态。我国的基础保洁员普遍在 50 岁以上，年龄偏大，文化水平不高，没有经过职业培训，操作技法存在错误，保洁员的个人职业健康和安全存在较大隐患。只有做好安全防护，才能保证安全工作。

二、保洁作业的安全防护

保洁员在进行保洁服务过程中既要做好环境和他人的安全防护，也要做好自身的安全防护。

1. 对环境和他人的安全防护

进行保洁服务时，应使用绿色环保的清洁剂，不可使用危害环境以及危害人体健康安全的清洁剂。在地面出现水渍时，应该在作业区域摆放"小心地滑"告示牌，以提醒他人注意安全。清洁电梯、电动扶梯时，应让电梯、电动扶梯停止运行，放置告示牌或围挡，以确保安全。当遇到雨雪天气时，应在湿滑的地段（大堂入口处、商场营业厅入口处、楼梯等）铺上防滑地垫，并摆放"小心地滑"告示牌。在地下车库出入口处，遇到雨雪天气也应及时铺设防滑垫，以便车辆能够安全出入。

使用清扫机或洗地机时，若听到不正常的声音或闻到不正常的气味，要立即关闭机器，作进一步的检查。电器的电源线不得浸泡在水里。作业范围内不得有易燃物品，远离可燃气体和粉尘。机器移动时，不要压在电源线上。在清洗维护机器时，必须切断电源，按要求使用专用工具。充电器充电时，要留人值守，预防电流不稳定导致的安全事故。

2. 自身安全防护

（1）夏季在室外工作时，要戴好帽子，多喝水，防止中暑。雨雪天在室外工作时，要穿好雨衣防止淋湿。雷雨天禁止打伞作业，以免造成人员伤害。雨雪天要穿防滑鞋，不得穿硬塑料底鞋。在清理室外积雪时，用力不要过猛，应小心慢行，防止滑倒摔伤。

（2）在清扫街道或车库时，保洁员必须穿有反光带的荧光马甲，保证自身安全，并随时注意来往的车辆，尽量避让车辆，防止发生交通事故；清扫时，如遇烟头，要及时将未熄灭的烟头踩灭、清理，以免失火。

（3）应随时注意作业现场的尖硬物，避免划伤或割伤自己。家具或地面有尖钉、硬物，应马上告知业主或将其除掉；不能用手直接伸进纸篓里取垃圾，以防止被玻璃碎片、刀片等尖利物体割伤；如果发现地上有玻璃碎片，要及时清理掉。

（4）在使用清洁设备前后，检查电线是否破损、插座（头）是否完好正常，发现问题立即停止使用，并及时报告主管。在使用机器时，不得用湿手接触电源插座，以免触电。

（5）倒退清扫楼梯时要注意防止脚下踩空摔倒，楼梯口不要摆放杂物。

（6）清洁乳胶墙面时要注意戴好帽子、口罩和眼镜，并扎紧工作服的领口和袖口。

（7）清洁办公室时，必须有严格的办公室钥匙管理制度，除指定人员外，不得将钥匙交与其他人。要注意检查每一个垃圾筒里是否有未熄灭的烟头，如果有，要及时熄灭，防止发生火灾。

（8）擦拭各类灯具前应先观察其外观是否完好，发现损坏及时报修。擦拭时禁止使用湿抹布，以防发生漏电事故。

（9）擦拭玻璃时，先检查玻璃及边框是否完好，有无裂痕，如果有裂痕及时向主管报告并小心处理。清洁时用力要轻，避免玻璃破碎伤手。擦拭室内高处玻璃时，禁止将身体伸到窗外擦拭。

（10）清洁卫生间时要戴防护手套和口罩，预防细菌感染。清洁完成后，应注意洗手。

（11）清扫车司机和清洁设备操作者须持证上岗，安全驾驶，严禁酒后或带病驾驶车辆。在机动车道上作业时要一等、二看、三通行，遵守交通规则，避免造成安全事故。

（12）使用常用清洁剂时要戴橡胶手套，若清洁剂触及皮肤或溅入眼内，应立即用大量清水冲洗。

培训项目 2

安全防护知识

安全操作是清洁工作中要常抓不懈的工作，保洁员主管应每周进行安全知识培训或提示工作，并进行安全操作检查，对不符合安全操作的环节应及时进行整改。对违反安全操作的员工应给予惩戒，对用水、用电、攀高等工作应制定好安全作业规程。保洁员应严格遵守并按照操作规程作业。

保洁员要始终贯彻安全第一的服务原则。作业现场负责人是安全生产的第一责任人，对现场的劳动保护和安全生产负全面领导责任。

一、清洁剂安全防护

在清洁作业中会使用到各种各样的清洁剂，清洁剂含有多种化学成分，渗透性、刺激性强，易挥发，有的清洁剂还具有易燃、易爆、有毒等特点。

1. 清洁剂使用的安全防护

清洁剂必须存储在专用的器具内，存储场所需要避光和通风，场所内须具有防火、防潮、防泄漏措施。使用者领用清洁剂时，主管须告知该清洁剂的酸碱度、作用、使用方法和注意事项。保洁员使用清洁剂时，要戴口罩、手套，以防清洁剂对身体造成伤害。

在清洁剂发生倾倒或泄漏时，应立即进行处理，开窗通风，用废棉纱将其吸干，并及时报告领导。用过的废棉纱要密封包装后存放到指定废弃物存放场所。清洁剂存放应远离危险品，周围地区严禁使用明火，严禁燃放烟花爆竹。清洁剂和酒精需要分区存放。84消毒剂和洁厕剂也需要分区存放。

2. 清洁剂使用安全规范

使用清洁剂前需要详细了解说明书，严格按照说明书中的正确配制比例使用。需要稀释后才能使用的清洁剂，必须按规定的比例进行稀释后再使用，稀释时要注意戴好手套、口罩等防护用品。使用清洁剂时如不小心弄到皮肤上或眼睛里，要及时用清水冲洗，情况严重的要及时送医。稀释后的清洁剂须盛放在专用喷壶内，喷壶上应贴有标识，禁止使用饮料瓶盛放清洁剂，如图6-1所示。装有清洁剂的容器须存放在指定位置，使用过程中及使用后不能乱扔乱放。

图 6-1　清洁剂的盛放

3. 清洁剂的安全防护处理措施

（1）易燃的清洁剂

易燃的清洁剂要严格按相关规程正确使用及放置，严禁在工作区域内吸烟。易燃清洁剂如甲醇，在清洁工作中会经常用到，有高度的易燃性，处理的基本措施是拧紧瓶盖，切勿近火。

（2）强酸、强碱等渗透性强的清洁剂

强酸、强碱等渗透性强的清洁剂不能与皮肤接触，否则会对皮肤造成伤害。使用前应先稀释，作业时应戴上橡胶手套，如果溅到皮肤上或溅入眼内，要及时就医。禁止在地毯、石材、木器和金属器皿上使用酸性清洁剂。

（3）有毒的清洁剂

吸入有毒的清洁剂如含有甲苯的清洁剂，会刺激眼睛、呼吸系统和皮肤，还可能引起过敏。

作业时应戴上橡胶手套，如果不慎溅入眼内或溅到皮肤上，要立即用大量清水冲洗，并尽快就医诊治。在使用这类清洁剂时要注意通风，如果通风条件较差，必须佩戴防护面具。若感到不适，应停止作业并立即就医。

（4）具有腐蚀性的清洁剂

具有腐蚀性的清洁剂与皮肤接触时会导致灼伤。不能用水稀释这类清洁剂，如果不慎溅入眼内，要立即就医。

（5）具有刺激性的清洁剂

具有刺激性的清洁剂如甲醛，会刺激眼睛和呼吸系统，溅到皮肤上可能会引起过敏。若不慎溅入眼内，要立即用大量清水冲洗，并及时就医。

如图6-2所示为酸碱性清洁剂。

图6-2 酸碱性清洁剂

二、用电安全防护

保洁设备一般通过电源线和蓄电池供电。单擦机和吸水机使用电源线供电，在处理水管断裂漏水时，要注意防止漏电，同时立即通知维修人员迅速断电再吸水。清洁喷水池时要先切断电源，防止漏电。手推式洗地机或驾驶式洗地机通常是蓄电池供电，充电时需要安排值守，避免发生火情。清洁高处的电器，不能使用金属工具，最好踩在木凳或木椅上；擦拭灯、开关、电闸箱等通电设备时一定要用干毛巾按照安全操作程序擦拭；清洁高处灯具时，安全措施必须齐全，一定要切断电源，湿擦灯泡后，必须用吸水干毛巾擦拭，保证干燥不漏电；使用研磨机、高速抛光机作业时，应注意确保身体离开旋转部件。

三、攀高安全防护

1. 在进行2 m以下内墙玻璃、金属制品的擦拭时，保洁员可使用伸缩杆工具直接操作；工作高度为2~6 m时，要做好安全防护措施，使用接杆，并使用升降机或人字梯，必须两人同时作业。

2. 在天台和雨篷作业时，需要两人配合操作，一人上梯操作，另一人在旁扶稳梯子，上下梯时要注意安全，防止摔伤。登梯前检查梯子，要面向梯子攀登，双手握紧纵梁，不得手持器物，始终把身体重心放在梯级中间。禁止两人同时在梯子上作业。

3. 不能往下扔杂物、垃圾和工具，以免砸伤路人。应随时注意现场的危险警示标志，不得随意进入高空作业区、吊装作业区等危险施工区。

4. 准备上支架作业前，应检查支架是否牢靠，并随时注意高空支架的状况，如发现有松动、断裂、移位等情况，应及时报告现场安全管理负责人。攀高作业时，要注意和电线保持安全距离。

5. 在被垫起的重物下方或附近作业时，应随时注意重物是否架稳垫实，以防重物突然倾覆或下落伤人。

培训项目 3

高空作业安全操作

由于环境影响，城市上空的各种废气和酸性、碱性微粒，经过雨水发生化学或物理变化，生成具有腐蚀性的物质，附着在建筑外墙表面上，时间一长就会形成污垢，并腐蚀外墙表面。为了保持建筑的美观，需要定期给建筑外墙面进行清洗，避免或减少外墙面损坏。建筑外墙面清洗作业是在高空进行的，属于高空作业。

高空作业是清洁工作的一大难点，危险性大，操作比较困难且复杂。目前外墙清洗方式主要有吊板方式和擦窗机方式。吊板方式是用吊绳、吊板将作业人员吊到工作位置进行清洁。这种方式比较简单，成本也低，只要高空作业人员身体素质好，绳子连接牢固，就可以进行，一般的大楼清洗都采用这种方式。但是这种方式的操作必须安全措施得当，否则危险性很大。

凡在距离地面 2 m 以上进行的作业，都属于高空作业。为了保证高空清洁作业人员的生命安全，所有高空作业必须选用符合安全标准的作业工具，并且要严格遵守高空作业安全管理规章制度。

一、高空作业人员的要求

高空作业人员须经过资格审查，条件合格才能上岗操作。

1. 根据 SB/T 10737—2012《高空外墙清洗服务规范》中关于人员条件的规定，高空作业人员一般要求年龄在 18 岁以上且不超过 40 岁，身体健康，视力良好，没有高血压、恐高症等不宜高空作业的疾病。

2. 高空作业人员在作业前精神状态要好，情绪稳定，无感冒、头晕等不适症状，血压正常，否则不得进行高空作业。作业前严禁喝酒。

3. 高空作业人员必须经过专门的高空作业培训，考核合格方可上岗作业。

二、地面安全防护措施

1. 高空作业现场应划出危险禁区，地面设置警戒线等明显标志，如图 6-3 所示，严禁无关人员进入。

图 6-3　警戒线

2. 高空作业下方是路面或人行道时，应设置防护栏，挂上警示牌，以警示路人绕道而行，并安排专人看护，及时提醒路人。高空作业警示牌如图 6-4 所示。

图 6-4　高空作业警示牌

3. 建筑四周如果有绿化带，除了要设置防护栏，挂上警示牌外，应对绿化带做好防护措施，防止毁坏绿化带。

三、高空作业现场安全防护措施

根据 SB/T 10737—2012《高空外墙清洗服务规范》中的施工要求，施工单位在作业前必须建立紧急情况下的应急预案及安全事故的救援预案。禁止在外墙上下位置实施交叉作业。在距离高压线 10 m 区域内及供电线路密集处，无专业安全防护措施时严禁实施作业。恶劣天气、极端天气及无夜间照明时，严禁实施作业。图 6-5 所示为吊板式高空清洗作业，图 6-6 所示为吊篮式高空清洗作业。

图 6-5　吊板式高空清洗作业

图 6-6　吊篮式高空清洗作业

1. **安全帽**

高空作业人员必须佩戴安全帽才能进行高空作业。

2. **保险绳**

高空作业时除配备一条工作绳外，还须备有一条"救命绳"，称为保险绳，万一有意外发生，保险绳能很好地保护作业人员。

3. **防护带**

在清洗外墙时，用防护带对楼下进行安全围挡，防止他人进入施工危险区域而出现意外。

4. **安全看护员**

每个外墙清洁班组要配备 1~2 名安全看护员，负责对施工现场的安全进行巡查看护。

5. **现场主管负责制**

每个外墙清洗班组要配有一名专职现场管理人员负责现场施工及安全管理工作。

6. **作业前培训**

每次作业前，现场主管应进行"班前会"训导，针对现场情况讲解安全注意事项。

7. **定期培训**

高空作业人员应定期接受安全意识、安全防范措施的培训。

8. **工具检查**

高空作业前，作业用的防护绳、吊篮、梯子、安全帽、高空作业安全带等防护用品必须经过技术鉴定或检验合格，经过检查确认没有问题才可使用。

9. **着装要求**

高空作业人员应按规定戴好安全帽、扎好安全带，衣着符合高空作业要求，穿软底鞋。

10. **工具使用**

高空作业时，作业人员应将手持工具等放在工具袋内，严禁使用破损的工具。作业时所有材料和工具应用绳索或起重工具传递，不可向下投掷或向上抛送物件。

11. **关注天气**

高空作业人员要密切注意天气变化，遇到暴雨、暴雪、大风、大雾等恶劣天气，应停止作业。

四、高空作业安全防护用具

高空作业具有极大的危险性,容易发生高处坠落、物体打击等事故。正确佩戴安全帽、安全带、安全绳或按规定架设安全网和安全围栏,可避免伤亡事故的发生。

1. 安全帽

安全帽可对头部受到的外力伤害(如物体打击)起防护作用。佩戴时要注意:

(1)选用经有关部门检验合格、带有"安鉴"标志的安全帽。

(2)使用前检查外壳是否破损,有无合格帽衬,帽带是否齐全,如果不符合要求应立即更换。

(3)调整好帽箍、帽衬,系好帽带。

如图6-7所示为安全帽及其正确佩戴方法。

图6-7 安全帽及其正确佩戴方法

2. 安全带

安全带是高空作业人员预防坠落的防护用品,如图6-8所示。使用时要注意:

(1)选用经有关部门检验合格的安全带,并保证在使用有效期内。

(2)安全带严禁打结、续接。

(3)2 m以上的悬空作业,必须使用安全带。

(4)安全带要可靠地挂在牢固的地方,高挂低用,且要防止摆动,避免明火和刺割。

(5)在无法直接挂设安全带的地方,应设置挂安全带的安全拉绳、安全栏杆等。

3. 安全围栏

作业人员的作业边沿无围护设施,使人或物有坠落可能的高处作业,属于临边作业。临边作业应设置安全围栏。安全围栏既有警示作用，又有保护作用。安全围栏要与安全警示牌一起使用，也就是在作业现场安全围栏的四周要放置安全警示牌。使用安全围栏时要注意：

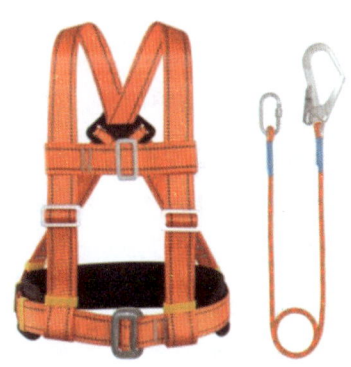

图 6-8　安全带

（1）栏杆要统一标准，色标要醒目，安装必须牢固可靠。

（2）栏杆表面光滑，无破损，无毛刺，无变形。

（3）栏杆高度为 1.05 m，设上、下横杆，立杆间距不大于 2 m，并在下部设置 18 cm 高的挡脚板。

4. 安全网

安全网用来防止人、物坠落或用来减轻坠落物体的打击伤害，如图 6-9 所示。使用时要注意：

图 6-9　安全网

（1）要选用有合格证的安全网。

（2）安全网若有破损、老化应及时更换。

（3）安全网与架体连接不宜绷得太紧，系结点要沿边分布均匀、绑牢。

（4）立网不得作为平网使用。

（5）立网必须选用密目式安全网。

5. 安全绳

安全绳是高处作业人员预防坠落的防护用品。使用时要注意：

（1）为保证高空作业人员在移动过程中始终安全，当进行特别危险作业时，要求在系好安全带的同时，将安全带系挂在安全绳上。

（2）禁止使用麻绳代替安全绳。

（3）使用 3 m 以上的长绳要加缓冲器。

（4）不能两人同时使用一条安全绳。

培训项目 4

安全防火知识

发现火情应立即上报,不能擅自不报或拖延不报;必要时可击碎报警器玻璃,紧急报警;拨打119电话报警,说明火灾的准确位置和情况。

一、初起火灾的处置方法

火灾刚发生时火势一般很小,应及时灭火。可根据燃烧物质的不同采取不同的处置方法。

(1)断绝可燃物

用阻隔或阻断的方法防止火势蔓延,阻止可燃物流动。

(2)冷却

对于某些火灾可以用水桶、水盆装水进行灭火。

(3)窒息

可以使用泡沫灭火器,喷出泡沫覆盖燃烧物表面,或用毯子、棉被浸湿后覆盖燃烧物表面。

(4)扑打

对于小范围可燃物火灾,如火势较小,可以用扫帚、衣服扑打。

(5)断电

发生电器火灾或火灾威胁电气线路时,要首先切断设备电源,拔掉充电电源,转移充电电池。

(6)阻止火势蔓延

对严密性好的小面积室内火灾,应关闭门窗,防止新鲜空气进入。对于相邻的区域,应关闭通道门,防止火灾蔓延。

二、火灾现场的自救

人处在火灾现场,应设法采取一切可能措施进行自救,如选择进入避难层和疏散楼梯,或披上用水浸湿的衣服快速下楼。若逃生路线切断,可退居室内,关上门窗,并向外发出求救信号。

培训项目 5 急救知识

一、中暑

保洁员如在高温环境中长时间工作，身体散热困难，当体温调节功能发生障碍时，就会导致中暑。常见的中暑症状是乏力、多汗、头晕、耳鸣、心慌等，体温正常或略高。

如果出现高热、肌肉痉挛、呼吸急促、昏迷等症状，属于重度中暑，应尽快进行现场救护或送往医院。

1. 现场救护方法

如有人出现中暑症状，保洁员应迅速帮助中暑者降低体温，把中暑者移到阴凉、通风处，使其坐下或躺下，可在其前额、腋下和大腿根处用浸了冷水的毛巾冷敷，或用20~26 ℃的水擦浴。保洁员可给中暑者喝些淡盐水或清凉饮料，补充其因大量出汗而丢失的盐和水分。对于严重中暑者，要注意其呼吸、脉搏，并尽快拨打急救电话。

2. 预防中暑

保洁员应避免长时间在酷热及潮湿的环境下工作。将保洁工作时间调整为早晚时间，在中午或下午尽量减少室外作业，尽量避免太阳暴晒。保洁员可穿浅色、宽松的衣服，需要时可戴太阳帽，避免太阳光直接照射头部。保洁员应多饮水，适当补充盐分。

二、溺水

有的社区或公园会有湖泊或者水潭，保洁员可能遇到溺水者。发现有人溺水时要立即向周围人求助，并拨打急救电话。

1. 将溺水者救上岸的方法

（1）岸上救援法

保洁员把长杆子或长绳子的一端递（抛）给溺水者，让溺水者抓住，把溺水者拉上岸。施救时，保洁员要注意量力而行，如果无力单独救人，应立即呼叫他人救助，以免自己被拖入水中。

（2）水中救援法

只有接受过水中救生专业训练的人方可下水救人。

2. 溺水者救上岸后的抢救

保洁员救助溺水者上岸后，尽快将其移至安全地带，并注意自身安全。对心搏骤停的溺水者要立即进行心肺复苏。操作之前，要先清除溺水者口鼻中的水草、泥沙等，使其头偏向一侧，让鼻子里的水流出来。尽快拨打急救电话，请医务人员救助。

三、急性中毒

有毒物质主要经呼吸道、皮肤、消化道进入人体。某些有毒物质可作用于中枢神经系统，能抑制呼吸、心跳；某些有毒物质进入血液，能使身体组织缺氧；腐蚀性的有毒物质被吞入，能烧伤口腔、食管、胃等，严重时会危及生命。发现有人急性中毒时，要冷静地确认有毒物质的种类，采取相应的救护方法，如果方法不对，还可能加重病情。救护者要注意自身保护。对毒源不明的急性中毒者，应立即送至医院，并及时采取相应的急救措施。

1. 煤气中毒

煤气中毒即一氧化碳中毒。含碳物质燃烧不完全时，可能产生一氧化碳。一氧化碳是一种无色无味的气体，被人体吸入后，与血红蛋白结合成难解离的碳氧血红蛋白，使血红蛋白失去携带氧气的能力，从而导致组织缺氧。中毒较轻时，患者出现头痛、头晕、心慌、乏力、嗜睡、恶心、呕吐等症状。中毒较重时，患者脸和口唇呈樱桃红色，神志模糊，意识丧失，呼吸困难，甚至心搏骤停。保洁员在确保自身安全的情况下才可进入中毒现场，应立即打开门窗通风换气，并将患者移到室外或其他空气流通的房间，解开衣服。如果患者神志不清，将患者摆放成侧卧体位，保持呼吸道通畅，便于呕吐物排出。冬天要注意给患者保暖。如果患者呼吸、心跳停止，应立即进行心肺复苏抢救，并拨打急救电话。

2. 宠物咬伤

保洁员遇到猫、狗咬伤后应立即采取治疗措施。常见症状为伤口出现疼痛、红肿。立即用清水和肥皂彻底冲洗伤口,把伤口内的血液和动物的唾液清洗干净,冲洗时间不能少于 20 min。如果伤口很大,软组织损伤严重,则不可过度冲洗,以防引发大出血。伤口不要包扎,尽快去医院治疗。

3. 昆虫蜇伤

室外保洁,要注意避免被蜂或蝎子蜇伤。皮肤被蜇伤的中心有出血点、起小水疱,周围肿胀,出现烧灼痛。蜂蜇伤还可能引起过敏反应,严重时出现喉头水肿、支气管痉挛等。中蝎毒严重时患者会发烧、恶心、呕吐,甚至四肢抽搐、呼吸困难等。被蜇伤时,首先检查有无毒刺或毒囊残留在皮肤内,发现毒刺要尽快取出,最好用针挑出,不要用镊子夹出,以防夹刺时将毒囊内毒液挤入体内。用肥皂水充分清洗患者伤处,冷敷伤口,以延缓毒液吸收,减轻肿胀和疼痛,并尽快去医院治疗。

四、交通事故

保洁员上下班若骑电动车应戴好头盔,穿戴好防护装置。如果在路上发生交通事故,应先检查身体的情况,在确保安全的前提下打电话报警。等待交通警察的过程中,在现场适当照顾、陪伴和帮助伤者,稳定伤者情绪。

思考题

1. 简述安全防护的定义。
2. 简述清洁剂安全防护、用电安全防护、攀高安全防护。
3. 简述高空作业人员的要求以及安全防护措施。
4. 简述发生火灾时的急救措施。
5. 简述各种事故的急救知识。

培训模块 七
相关法律法规知识

培训项目 1 《中华人民共和国劳动法》

一、《中华人民共和国劳动法》的制定目的

国家为了保护劳动者的合法权益，调整劳动关系，建立和维护适应社会主义市场经济的劳动制度，促进经济发展和社会进步，根据宪法，制定《中华人民共和国劳动法》。

二、《中华人民共和国劳动法》的适用范围

1. 在中华人民共和国境内的企业、个体经济组织（以下统称用人单位）和与之形成劳动关系的劳动者，适用《中华人民共和国劳动法》。
2. 国家机关、事业组织、社会团体和与之建立劳动合同关系的劳动者，依照《中华人民共和国劳动法》执行。

三、劳动者的权利和义务

1. 劳动者享有平等就业和选择职业的权利、取得劳动报酬的权利、休息休假的权利、获得劳动安全卫生保护的权利、接受职业技能培训的权利、享受社会保险和福利的权利、提请劳动争议处理的权利以及法律规定的其他劳动权利。
2. 劳动者应当完成劳动任务，提高职业技能，执行劳动安全卫生规程，遵守劳动纪律和职业道德。
3. 用人单位应当依法建立和完善规章制度，保障劳动者享有劳动权利和履行劳动义务。
4. 国家采取各种措施，促进劳动就业，发展职业教育，制定劳动标准，调节社会收入，完善社会保险，协调劳动关系，逐步提高劳动者的生活水平。

四、《中华人民共和国劳动法》的主要内容

1. 劳动合同是劳动者与用人单位确立劳动关系、明确双方权利和义务的协议。建立劳动关系应当订立劳动合同。

2. 订立和变更劳动合同，应当遵循平等自愿、协商一致的原则，不得违反法律、行政法规的规定。劳动合同依法订立即具有法律约束力，当事人必须履行劳动合同规定的义务。

3. 劳动合同应当以书面形式订立，并具备以下条款：劳动合同期限、工作内容、劳动保护和劳动条件、劳动报酬、劳动纪律、劳动合同终止的条件、违反劳动合同的责任。劳动合同除上述规定的必备条款外，当事人可以协商约定其他内容。

4. 用人单位应当保证劳动者每周至少休息一日。

5. 工资分配应当遵循按劳分配原则，实行同工同酬。工资水平在经济发展的基础上逐步提高。

6. 用人单位根据本单位的生产经营特点和经济效益，依法自主确定本单位的工资分配方式和工资水平。

7. 工资应当以货币形式按月支付给劳动者本人。不得克扣或者无故拖欠劳动者的工资。

8. 用人单位必须建立、健全劳动安全卫生制度，严格执行国家劳动安全卫生规程和标准，对劳动者进行劳动安全卫生教育，防止劳动过程中的事故，减少职业危害。

9. 用人单位必须为劳动者提供符合国家规定的劳动安全卫生条件和必要的劳动防护用品，对从事有职业危害作业的劳动者应当定期进行健康检查。

10. 用人单位与劳动者发生劳动争议，当事人可以依法申请调解、仲裁、提起诉讼，也可以协商解决。调解原则适用于仲裁和诉讼程序。

11. 解决劳动争议，应当根据合法、公正、及时处理的原则，依法维护劳动争议当事人的合法权益。

培训项目 2

《中华人民共和国道路交通安全法》

一、《中华人民共和国道路交通安全法》的制定目的

国家为了维护道路交通秩序，预防和减少交通事故，保护人身安全，保护公民、法人和其他组织的财产安全及其他合法权益，提高通行效率，制定《中华人民共和国道路交通安全法》。

二、《中华人民共和国道路交通安全法》的适用范围

中华人民共和国境内的车辆驾驶人、行人、乘车人以及与道路交通活动有关的单位和个人，都应当遵守《中华人民共和国道路交通安全法》。

三、《中华人民共和国道路交通安全法》的主要内容

1. 机动车、非机动车实行右侧通行。

2. 根据道路条件和通行需要，道路划分为机动车道、非机动车道和人行道的，机动车、非机动车、行人实行分道通行。没有划分机动车道、非机动车道和人行道的，机动车在道路中间通行，非机动车和行人在道路两侧通行。

3. 道路划设专用车道的，在专用车道内，只准许规定的车辆通行，其他车辆不得进入专用车道内行驶。

4. 车辆、行人应当按照交通信号通行；遇有交通警察现场指挥时，应当按照交通警察的指挥通行；在没有交通信号的道路上，应当在确保安全、畅通的原则下通行。

5. 公安机关交通管理部门根据道路和交通流量的具体情况，可以对机动车、非机动车、行人采取疏导、限制通行、禁止通行等措施。遇有大型群众性活动、

大范围施工等情况，需要采取限制交通的措施，或者作出与公众的道路交通活动直接有关的决定，应当提前向社会公告。

6. 驾驶非机动车在道路上行驶应当遵守有关交通安全的规定。非机动车应当在非机动车道内行驶；在没有非机动车道的道路上，应当靠车行道的右侧行驶。

7. 非机动车应当在规定地点停放。未设停放地点的，非机动车停放不得妨碍其他车辆和行人通行。

8. 行人、非机动车、拖拉机、轮式专用机械车、铰接式客车、全挂拖斗车以及其他设计最高时速低于七十公里的机动车，不得进入高速公路。高速公路限速标志标明的最高时速不得超过一百二十公里。

培训项目 3 《城市市容和环境卫生管理条例》

一、《城市市容和环境卫生管理条例》的制定目的

国家为了加强城市市容和环境卫生管理，创造清洁、优美的城市工作、生活环境，促进城市社会主义物质文明和精神文明建设，制定《城市市容和环境卫生管理条例》。

二、《城市市容和环境卫生管理条例》的适用范围

在中华人民共和国城市内，一切单位和个人都必须遵守《城市市容和环境卫生管理条例》。

三、《城市市容和环境卫生管理条例》的主要内容

1. 按国家行政建制设立的市的主要街道、广场和公共水域的环境卫生，由环境卫生专业单位负责。居住区、街巷等地方，由街道办事处负责组织专人清扫保洁。

2. 飞机场、火车站、公共汽车始末站、港口、影剧院、博物馆、展览馆、纪念馆、体育馆（场）和公园等公共场所，由本单位负责清扫保洁。

3. 机关、团体、部队、企事业单位，应当按照城市人民政府市容环境卫生行政主管部门划分的卫生责任区负责清扫保洁。

4. 城市集贸市场，由主管部门负责组织专人清扫保洁。各种摊点由从业者负责清扫保洁。

5. 城市港口客货码头作业范围内的水面，由港口客货码头经营单位责成作业者清理保洁。在市区水域行驶或者停泊的各类船舶上的垃圾、粪便，由船上负责

人依照规定处理。

6.城市人民政府市容环境卫生行政主管部门对城市生活废弃物的收集、运输和处理实施监督管理。一切单位和个人，都应当依照城市人民政府市容环境卫生行政主管部门规定的时间、地点、方式，倾倒垃圾、粪便。对垃圾、粪便应当及时清运，并逐步做到垃圾、粪便的无害化处理和综合利用。对城市生活废弃物应当逐步做到分类收集、运输和处理。

思考题

1. 简述《中华人民共和国劳动法》相关知识。
2. 简述《中华人民共和国道路交通安全法》相关知识。
3. 简述《城市市容和环境卫生管理条例》相关知识。